Bärbel Mohr

Universum & Co.

Omega

Bärbel Mohr

Universum & Co.

Kosmische Kicks
für mehr Spaß im Beruf

Omega

Die deutsche Bibliothek – CIP Einheitsaufnahme

Mohr, Bärbel:
Universum & Co.: kosmische Kicks für mehr Spaß
im Beruf / Bärbel Mohr. – 1. Aufl. – Düsseldorf :
Omega, 2000

1. Auflage Juli 2000

© Copyright 2000 by Omega®-Verlag

Lektorat: Gisela Bongart

Satz und Gestaltung: Martin Meier

Druck: FINIDR, ℰ s. r. o., Český Těšín, Tschechische Republik

Covergestaltung: Doro Koch und Stefan Lehmbrock, Düsseldorf

Covermodel: „Nini" (Aurelia-Dominique Spitzer),

Inhalt

Man muß das Wahre immer wiederholen,
weil auch der Irrtum um uns herum immer
wieder gepredigt wird. Und zwar nicht von
einzelnen, sondern von der Masse.

Johann Wolfgang von Goethe

Vorwort

Liebe Leserin, lieber Leser,

für mich schreibt es sich immer leichter, wenn ich dich mit „du" statt mit „Sie" anreden darf. Ich hoffe, du bist damit einverstanden. Solltest du mich mal irgendwo treffen, darfst du mich selbstverständlich auch duzen.

„Universum & Co." – was ist damit gemeint? Der Titel steht zum Beispiel für das Universum und seinen „Kosmischen Bestellservice", den ich in meinen Büchern immer wieder mit einem Unternehmen, einer Art himmlischen Versandhaus, vergleiche. Stehen kann der Titel aber auch für „Das Universum & du", der du dir diesen himmlischem Service mit seiner Weisheit und Intelligenz zum Partner in allen Lebenslagen gemacht hast, nicht zuletzt auch in deinem Beruf.

Wer meine beiden Bücher *Bestellungen beim Universum* und *Der kosmische Bestellservice* noch nicht kennt, kann mit diesen Erklärungen wahrscheinlich nichts anfangen und versteht nur Bahnhof. Darum für alle „Neulinge" hier vorab einige Begriffserklärungen:

Mit „Universum", „universelle Kräfte" oder „kosmische Intelligenz" meine ich ein Phänomen, das synonym ist mit Begriffen wie Intuition, innere Stimme, göttliches Prinzip, himmlische Fügungen oder ähnliches. Wie ich herausgefunden habe, kann man bei dieser Instanz – selbst wenn man nicht an sie glaubt und weder mit Religion noch mit Esoterik was am Hut hat – wie bei einem Versandhaus alles mögliche bestellen, Dinge, die man sich schon immer gewünscht hat. Und solange man sich an die „Geschäftsbedingungen" hält (in kindlicher Arglosigkeit bestellen, die Bestellung anschließend sofort wieder vergessen), werden sie auch prompt „geliefert" (häufig in Form einer Eingebung oder eines deutlichen Hinweises aus deiner Umwelt). Für mich ist es eine Art Trick, diese geheimnisvollen, mächtigen Kräfte wie ein freundliches Versandunternehmen zu betrachten. Dadurch bekommen sowohl die Bestellungen als auch die Erwartungshaltung gegenüber der Auslieferung etwas Selbstverständliches.

Gelegentlich spreche ich auch von „bewußten Dauerbestellungen". Was ich damit meine, hat im weitesten Sinne gewisse Ähnlichkeiten mit dem positiven Denken. Wobei ich lieber von „bewußtem Denken" rede, mit dem man sich letztlich seine Wunschrealität komplett selbst kreieren kann.

Während es in meinen letzten beiden Büchern um Wunscherfüllung ganz allgemein ging, soll das vorliegende Buch davon handeln, wie man sich die universellen Kräfte speziell in der Arbeitswelt zunutze und seinen Beruf durch viele „kosmische Kicks" zum reinsten Vergnügen macht. Und bei so viel Spaß wird das Einkommen keinesfalls ins Hintertreffen geraten. Ganz im Gegenteil.

Mal ehrlich: Hast du deinen Traumjob? Kommst du abends nach der Arbeit freudig, energiegeladen und inspiriert nach Hause, und hast du das Gefühl, etwas Sinnvolles für die Welt getan zu haben? Falls ja, dann gehörst du einer Minderheit an. Gratuliere!

Umfragen zufolge verhält es sich im allgemeinen nämlich ganz anders: 75 Prozent aller Arbeitnehmer in Deutschland haben innerlich gekündigt und keine Lust mehr auf ihren gegenwärtigen Job. Trägt man diese Zahlen irgendeinem Angestellten vor, winkt er obendrein meist mit einem lauten „Hah" ab und sagt: „Niemals! 75 Prozent glaube ich nicht, das sind mindestens 90 Prozent – aber inklusive des Managements!"

Probier' es aus, wenn du zu den wenigen gehören solltest, die diese Zahlen nicht glauben: Mach' einen Test mit deinen Kollegen, Verwandten und Freunden (eigene Angestellte zu befragen dürfte kaum zu einem sehr ehrlichen Ergebnis führen), und sage ihnen, daß es Umfragen dazu gibt, wie viele der Angestellten in Deutschland innerlich gekündigt hätten. Frage sie, was sie meinen, wie viele gesagt hätten, sie hätten keinen Bock mehr auf ihren Job – 30, 50, 75 oder 90 Prozent. Du wirst sehen, die meisten tippen auf 90 Prozent.

Als ich diese Zahlen las, fand ich sofort, man müßte etwas dagegen unternehmen. Kein Wunder, dachte ich mir, wenn so viele Leute, die tagsüber fast wie hypnotisiert herumlaufen, auch in ihrer Freizeit zu kaum etwas mehr richtig zu motivieren sind. Kein Wunder, wenn seichte Coolness so in ist – man hat sich an diesen Zustand gewöhnt. Die mindestens acht Stunden Arbeitsfrust färben ab und wirken in die Freizeit hinein. Umgekehrt sollte es sein. Ein inspirierender, erfüllender Arbeitstag sollte auch das Privatleben anstecken und bereichern.

Ich machte mich auf die Suche nach Beispielen, denn ich hätte bitte gerne lauter gut gelaunte, konstruktive und tatkräftige Menschen um mich herum. Das macht einfach mehr Spaß. Zunächst suchte ich nach typisch erscheinenden Problemen (da mußte ich NICHT lange suchen, es wimmelt nur so von Problemen) bei Arbeitslosen, Angestellten, Selbständigen und Unternehmern, und ich forschte nach Lösungen für jeden Bereich – inklusive möglichst vieler positiver Erlebnisberichte (zu meinem Glück mußte ich auch da nicht lange suchen, es GIBT sie, die Lösungen und positiven Beispiele).

Für viele gehört Arbeit nicht zum „richtigen" Leben. Letzteres fängt erst nach Feierabend an oder findet in den wenigen Wochen Urlaub statt. Dabei würde es der ganzen Nation dienen, wenn man 24 Stunden am Tag „richtig" leben würde. Vor 20 Jahren lag Deutschland weltweit auf Platz 3 für innovative Produkte, 1999 waren wir auf Platz 26 abgerutscht. Kein Wunder, wenn keiner motiviert, geschweige denn kreativ ist, oder?

Ich schlage vor, wir beginnen unten mit beruflichen Krisen aller Art und schauen uns an, was man wo und wie möglichst leicht und mit viel Spaß und Genuß verändern kann (denn das ist es schließlich, was wir erreichen wollen: 24 Stunden am Tag ein lebenswertes und erfreuliches Leben, das, wenn irgend möglich, obendrein dem Gemeinwohl aller dient). Anschließend lassen wir uns von erfolgreichen Menschen und von Unternehmen inspirieren, in denen „der Geist des Universums" schon Einzug gehalten hat. Last not least werfen wir einen Blick auf unsere Einstellung zum Geld und zum Geldverdienen.

Wußtest du übrigens, daß du ein Genie bist? Wenn nicht, dann wirst du es noch herausfinden, wenn du weiterliest. Man muß durchaus kein „abgehobener Typ" sein, um sich vom Universum und den eigenen inneren Kräften ein wenig auf die Sprünge helfen zu lassen. Ganz im Gegenteil: Wer nicht auf die „inneren Zeichen des Lebens" hört, macht es sich ganz unnötig schwer.

Merke: Wenn etwas schwierig und nur mit Kampf zu erreichen ist, so ist dies die Art des Lebens, uns zu sagen, daß wir auf dem falschen Weg sind UND daß es einen besseren gibt!

In diesem Sinne: Auf ins Getümmel und viel Spaß beim Lesen!

☺ Eure Bärbel

1   Die Kaffee-Zombies

Wir wollten ganz unten anfangen? Ok, das werden wir tun. Untersuchen wir die 75 bis 90 Prozent jener, die schon lange keine Lust mehr auf ihren Job haben.

Eine besondere Tücke dieses so weit verbreiteten Unlust-zustandes besteht darin, daß die Betroffenen meistens keineswegs eifrig nach Alternativen Ausschau halten. Denn die Unlust raubt ihnen jede Energie, und der Kaffee-verbrauch steigt im selben Maße wie die Freude an der Arbeit sinkt. Die restliche, noch verfügbare Energie wird dafür eingesetzt, mit möglichst wenig Arbeitseinsatz (denn Spaß macht es ja eh keinen) möglichst unentdeckt in der Firma zu überdauern. Man hält so eine Art Ganzjahres-winterschlaf und tut alles, damit es keiner merkt.

Der Einfachheit halber und weil es den Zustand dieser Menschen so gut beschreibt, nennen wir diesen Typus in diesem Kapitel einen „Kaffee-Zombie". Das Gegenteil von einem Kaffee-Zombie ist ein (ohne Motivationstraining und Prämien) motivierter Mitarbeiter, der sein Selbst in sei-ner Tätigkeit frei ausdrücken und entwickeln kann und deshalb Spaß an der Arbeit hat.

Ein Kaffee-Zombie hat resigniert und glaubt nicht mehr an Selbstverwirklichung im Beruf. Er hangelt sich von Kaffee zu Kaffee durch den Tag und sieht zu, daß er sich nicht überanstrengt. Dabei ist er leidlich zufrieden, so-lange nur der Gehaltszettel stimmt.

Es gibt unterschiedliche Möglichkeiten, zu einem Kaffee-Zombie zu werden, und es gibt verschiedene Härtestufen. Die harmloseren arbeiten von acht Stunden wenigstens so um die fünf und „seichteln" den Rest der Zeit herum. Die etwas härteren vertun 80 bis 90 Prozent des Tages mit Kaffeepausen, Wichtigtuerei, vielen Einzelgesprächen mit diffusem Inhalt und besonders viel Mekkern, Jammern und Kritisieren. Letzteres wird immer wichtiger, je weniger man tut. Irgendwie muß man schließlich seine Anwesenheit rechtfertigen. Und sich den Anschein zu geben, man wäre voll ausgelastet mit den Millionen von Problemen, die einen umgeben und an denen auf jeden Fall immer die anderen schuld sind, erscheint diesbezüglich sinnvoll.

Ein Manager der mittleren Führungsebene eines deutschen Automobilkonzerns hat einem meiner Bekannten gegenüber geäußert, er verbringe 80 Prozent seiner Zeit mit Machtspielchen und damit, seinen Posten zu verteidigen, denn es gebe ständig Leute, die versuchten, an seinem Stuhl zu sägen. Einerseits habe seine Stellung ein gutes Image, auf das die Säger scharf wären, und gut bezahlt wäre der Job obendrein. Effektive Arbeit würde er allerdings nur in etwa 20 Prozent seiner Zeit leisten.

Na Hauptsache, die Kasse stimmt! Ich konnte nicht in Erfahrung bringen, wieviel Kaffee der Herr trinkt, aber er hört sich ganz nach einem klassischen Kaffee-Zombie an.

Tragisch sind auch die Fälle von jungen aufstrebenden Studenten, die voller Elan und nichts Böses ahnend einem Unternehmen beitreten, in dem die allgemeine Schwingung schon stark den viel gerühmten Beamtencharakter angenommen hat. Beamten sind schließlich die Träger des Staates – einer träger als der andere. Wobei ich auch zwei Beamte kenne, die mit Schwung und Spaß arbeiten und das auch weiter zu tun gedenken. Doch auch diese beiden sagen, das schwierigste in ihrem Job sei für sie, sich nicht von der allgemeinen kaugummiartigen Trägheit um sie herum anstecken zu lassen. Es erfordert Persönlichkeit und die Fähigkeit, unbeirrt gegen den äußeren Strom anzuschwimmen, in dem man treibt. Harte Sache, ich könnte es nicht.

Zurück zu den ambitionierten Studenten. Sie fangen oft mit den allerbesten Absichten an, aber beim hundertfünfzigsten Dämpfer wandern auch sie immer öfter an den Kaffeeautomaten. Kaum hat man erkannt, daß man sowieso fast nichts bewirken kann, vermeidet man den ständigen Widerstand gegen die träge Masse und bewegt sich lieber mit einer Kaffeetasse in der Hand im selben Tempo wie alle. Das ist weniger anstrengend. Begegnet man ihnen dann ein bis zwei Jahre später, sind die Augenlider auf Halbmast herabgesunken, der Tonfall ist schläfrig geworden, und statt von erfolgreichen Neuerungen, Vereinfachungen und Spaß an der Arbeit berichten auch sie nur noch von „wichtigen und riesengroßen Problemen" sowie meistens „tierischem Streß und Zeitdruck". Merke: Ein Kaffee-Zombie steht immer unter Zeitdruck. Egal wie wenig er zu tun hat, es ist auf jeden Fall zuviel.

Das alles konnte ich den lebhaften Schilderungen eines Steuerberaters aus Berlin entnehmen sowie den Aussagen von drei Mitarbeitern eines seiner Mandanten, die ich interviewen durfte. Die Firma arbeitet im Bereich Medien und Kommunikation. Sie hatte einen Schnellstart hingelegt und befindet sich inzwischen auf einer ebenso rasanten Talfahrt.

Ich habe den Steuerberater, der das Unternehmen von Anbeginn an betreut, gefragt, was seiner Meinung nach dort los ist. Er meinte, es sei ganz einfach: Als die vier

Gründer noch zu viert waren, hatte jeder seiner Kreativität freien Lauf gelassen, alle hatten Spaß an ihrer Arbeit, konnten Neues entdecken und ausprobieren, und es gab keine Grenzen. Auch den ersten Mitarbeitern wurde noch die Möglichkeit gelassen, so zu arbeiten. Die Freude und Kreativität kamen beim Kunden rüber und die Resultate daraus auf dem Markt an. Das Team kannte auch keine Konventionen und war genial im Stricken von improvisierten Lösungen, die wenig kosteten, aber viel brachten. Kein Wunder, daß die Firma so schnell wuchs.

Sobald das Unternehmen jedoch richtig groß geworden war, war Schluß mit dem freien Arbeiten und der kreativen Entfaltung des einzelnen. Die vier Chefs befürchteten schließlich, den Überblick zu verlieren, und so kontrollierten sie jeden Strich und jeden Punkt und ließen in ihrem Betrieb niemanden mehr frei arbeiten. Alles mußte durch ihre Hände laufen. Sie nahmen auch keine Aufträge mehr von kleinen, eher unprofessionell arbeitenden Firmen an. Man wollte sein neues Image pflegen und nur noch große und wichtige Aufträge annehmen. Diese sollten allerdings sicher sein. Bitte keine Experimente, denn nun ging es ja auf einmal um richtig große Beträge. Bei den kleinen Kleckerbeträgen von früher konnte man sich das Experimentieren noch leisten. Doch damit war nun Schluß. Sicherheit in so einem Zusammenhang führt nur zu einem – und zwar zum sicheren Untergang. Alle Flexibilität und Lebendigkeit und jeder Schwung waren aus dem Unternehmen verschwunden, und die ehemals motivierten Mitarbeiter waren zu Kaffee-Zombies geworden. Ergebnis: Der Betrieb verliert derzeit einen Auftrag nach dem anderen.

Besagter Steuerberater hatte mit besonderem Bedauern auch eine von den zunächst hochmotivierten Hochschulabgängerinnen beobachtet, die am Anfang mit vielen tollen Ideen und echtem Engagement in dieses Unternehmen eingestiegen war. Ein Jahr später war sie von der herrschenden Firmenschwingung geprägt, sprich: Wie die anderen Mitarbeiter und die Unternehmensleitung selbst war auch sie zum Kaffee-Zombie geworden, jammerte sich kaffeetrinkend, gestreßt und frustriert durch den Tag – Hauptsache, das Gehalt stimmte.

Dieses Unternehmen könnte anscheinend dringend ein „Business-Reframing" gebrauchen, d.h. eine Art von tiefgehender Firmenpsychoanalyse mit anschließenden Therapievorschlägen (siehe Kapitel 16). Was dem Management fehlt, ist die Erkenntnis, daß es nicht zum Kontrollieren da ist. Vielmehr sollte es für positive Stimmung und inneren Gleichklang im Betrieb sorgen und es jedem Mitarbeiter ermöglichen, seinen persönlichen Selbstausdruck in der Firma zu finden und zu leben – so, wie es zu Beginn der Fall war.

Der Steuerberater versucht seinem Mandanten klarzumachen, daß er auf dem falschen Dampfer ist, wenn er nur nach sachlichen Fehlern im Unternehmen sucht, nach dem Motto: Da hätten wir das tun sollen und da das. Hier hätten wir ein anderes Design gebraucht etc. pp.

In solchen Bereichen werden zur Zeit die Fehler gesucht, und keiner merkt, daß die **Grundstimmung verkehrt** ist. **Wer nur mit grauen Stiften malt, kann keine schönen bunten Bilder erzeugen.**

Im Moment wird in dieser Firma noch gerätselt und diskutiert, wie man den grauen Stift anders ansetzen könnte, so daß doch blau-grün-bunt herauskommt. Diskutieren tun Kaffee-Zombies nun mal alle gerne, denn zum einen gibt ihnen dies wieder ein Stück Existenzberechtigung, zum anderen ist es weniger anstrengend, in epi-

scher Breite über ein Problem zu reden, anstatt loszule-
gen und es womöglich zu lösen. Igitt, eine Lösung! Auf
einer echten Kaffee-Zombie-Konferenz kommt einem bereits der Anflug eines umsetzbaren Lösungsvorschlages
wie etwas geradezu Unanständiges vor.

2 Null Bock auf gar nichts

Hand aufs Herz: Bist du ein Kaffee-Zombie? Und möchtest du wirklich einer bleiben? Bedenke, du könntest so viel mehr aus dir machen! Vermutlich ist dein Gefühl der Unzufriedenheit sogar ein gutes Zeichen, das Erwachen einer gesunden Intuition, die dich auf einen neuen Weg aufmerksam machen will.

Zunächst solltest du einmal darüber nachdenken, warum du in deinem Beruf so frustriert bist. Hast du vielleicht generell einfach null Bock auf gar nichts und weißt nicht mehr, was dir überhaupt Spaß macht? Fühlst du dich über- oder unterfordert oder nicht anerkannt? Entspricht deine Tätigkeit einfach nicht deinen Neigungen? Liegt es am schlechten Betriebsklima in deiner Firma? All das läßt sich doch ändern.

Fangen wir mit null Bock auf gar nichts an. Meiner bisherigen Erfahrung nach ist dies eine Haltung, die schlicht und ergreifend nicht wirklich sein kann. In so eine Stimmung kann man nur dann geraten, wenn man sich meilenweit von sich selbst entfernt hat. Das Fehlen von innerer Freude zeigt an, daß du dich erst zu einem Teil lebst. Das und nichts anderes will dir dein Inneres mitteilen, wenn du dich unglücklich und unzufrieden fühlst. Es fordert so ganz allmählich von dir ein, daß du dich selbst erkennst und auf die Suche nach deinem ganz persönlichen Wohlgefühl begibst. Egal wo und in welcher Lage du gerade bist, es gibt immer einen nächsten Schritt, bei dem du mehr Freude haben kannst als du in deiner momentanen Stimmung empfindest.

Angenommen, du hättest noch nicht einmal Lust, deinen Fuß aus dem Bett zu bewegen und würdest nur noch schlafen wollen, dann gäbe es trotzdem vielfältige Möglichkeiten, deine Lage zu verbessern. Eine besteht darin, daß du Urlaub nimmst und tatsächlich so lange im Bett bleibst, bis du definitiv genug davon hast und wieder Lust auf etwas anderes bekommst.

Oder du holst dir Inspirationen von außen und probierst sie aus. Manchmal sieht man nämlich den Wald vor lauter Bäumen nicht. Dann ist es sinnvoll, andere Menschen zu fragen, die mehr Distanz zu der Situation haben, in der man sich gerade befindet. Du kannst Freunde oder wildfremde Menschen fragen. Manchmal ergeben sich selbst in der U-Bahn oder beim Warten an einer Haltestelle Möglichkeiten für ein kleines, inspirierendes Gespräch. Nutze auch diese kleinen Gelegenheiten, die das Leben dir bietet. Manchmal verbirgt sich Großes hinter Kleinem.

Du kannst auch viel Geld ausgeben und zu einem guten Therapeuten, Wahrsager oder Hellseher gehen und die fragen, worin der nächste Schritt für dich bestehen könnte. Aber möglicherweise bekommst du von Freunden und Bekannten genauso gute Antworten, dazu noch völlig kostenlos.

Und last not least kannst du auch dich selbst fragen. Du setzt dich gemütlich bei schöner Musik zu Hause hin, suchst dir ein besonders schönes Blatt Papier und einen besonders schönen Stift und stellst dir in Gedanken vor, du könntest noch einmal völlig neu auf die Welt kommen, und zwar auf einem Planeten, auf dem alles genauso ist, wie du es gerne hättest.

Schreib' dir einfach deine Traumidealwelt auf. Wie wäre es dort, was würdest du dort alles tun? Was würdest du beruflich tun, was würdest du in deiner Freizeit tun und was würdest du tun, um ein Gefühl von Sinn und Erfüllung im Leben zu haben (falls du so etwas haben möchtest)? Was würde dich glücklich machen? Welche großen und welche kleinen Dinge würdest du tun?

Führe diese Liste noch eine ganze Woche lang fort, und halte überall Ausschau nach Dingen, die in deiner Idealwelt noch vorkommen dürften. In deiner Idealwelt gibt es natürlich auch keine Zwänge irgendwelcher Art. Es ist alles erlaubt, und du mußt nichts. Es gibt auch keine anderen Leute, die an deiner Meinung oder deinen Vergnügungen etwas auszusetzen haben. Du kannst vollkommen frei phantasieren, was dir ganz allein so insgeheim alles Spaß machen würde.

Genau eine Woche später gehst du diese Liste durch und suchst dir einen kleinen Punkt heraus, der nicht viel Zeit in Anspruch nimmt, den du aber jetzt, hier und heute in irgendeiner Form zumindest so ähnlich schon umsetzen kannst.

Und dann beginnst du, in dein Leben lauter kleine Dinge einzubauen, die dir Freude bereiten. Wenn das erste geklappt hat, sich positiv entwickelt und dir Spaß macht, dann gehst du die Liste noch einmal durch und schaust, was es noch gibt, das du eventuell in leicht modifizierter Form auch hier auf diesem Planeten leben und erleben kannst. Sobald du auf diese Weise wieder in Bewegung gekommen bist, fängt auch der Fluß des Lebens an, dich wieder mitzutragen und an immer schöneren Stellen vorbeizubringen.

Fang' mit deinen kleinen, ganz persönlichen Vergnügungen an, die nur dir ganz alleine auf dieser Welt gefallen müssen. Alle anderen können sie langweilig, doof oder uninteressant finden. Beginne mit Dingen, die deine Individualität ausdrücken und die aufregend, schön und spannend für dich sind. Manch einer gräbt sich zum Meditieren im Wald ein, und zwar bei Vollmond. Das mögen die meisten total daneben finden, aber wem bitte schadet es?

In einem unserer großen Nachrichtenmagazine habe ich mal einen Bericht über Exzentriker gelesen. Es gäbe nur einen auf 10.000 „normale" Menschen. Dieser eine Exzentriker würde sich nachts bei Vollmond im Wald eingraben, mit einem Propeller auf dem Hut herumlaufen, Brennesseln züchten und mit Christbaumkerzen schmücken und ähnliches. Allerdings ist er besagtem Bericht zufolge weit gesünder als der Durchschnitt der restlichen 10.000 Menschen.

Wenn man seine Individualität lebt, dann kehren Kreativität und Leben in den Alltag zurück. Dann ist die Seele zufrieden, und man gesundet emotional und körperlich.

„Der Himmel hinter den Wolken ist immer blau". Das bedeutet, die Seele jedes Menschen ist heil und ganz und erfreut sich an sich selbst. Alles andere sind nur Wolken am Himmel. Man muß keineswegs die Wolken aufwühlen, um sie mittels eines Gewitters zu beseitigen. Man kann auch einfach die Sonneneinstrahlung erhöhen, um die Seele wieder durchscheinen zu lassen.

Dann weiß man sehr schnell wieder, auf was man alles Lust hat. Dann werden es täglich mehr Dinge sein, die einem Spaß machen. Und es wird einem ganz egal sein, was irgendwer anders davon hält, der keinen Schaden davon hat, sondern sich lediglich in seiner Beschränktheit der Normalität zu deutlich gespiegelt fühlt.

3   Arbeit als Therapie

Manchmal hat man auch nur vorübergehend „null Bock auf gar nichts", weil einen beispielsweise ein Schicksalsschlag getroffen hat. Heinz Hartmann, Inhaber einer Werbeagentur, hat den Eindruck, daß in einem solchen Fall das Unterbewußtsein mitunter Dinge einfach besser weiß als der Verstand. Als vor drei Jahren seine Frau starb, bat er einen Makler in Tirol, ihm ein schönes Haus zu suchen, in dem er sich ein wenig zurückziehen könnte. Ihm fehlte es nach dem Tod seiner Frau an Motivation, und er suchte Ruhe und Stille – dachte er.

Das Unterbewußtsein befand nämlich offenbar, „stiller Rückzug" sei nicht die geeignete Therapie zur Bewältigung seines Witwerdaseins. So manch einer auf der Welt hat schon festgestellt, daß Arbeit mitunter eine viel bessere Therapie ist als Ruhe, vor allem körperliche Arbeit. Und so hatte der Makler nur ein Hotel statt eines normalen Hauses anzubieten. Heinz Hartmann fühlte sich davon magisch angezogen, obwohl ein Hotel ganz gegen seine ursprünglichen Pläne war.

Er vertraute der inneren Stimme und kaufte das Hotel. Von außen gefiel es ihm zwar, aber innen fand er es geradezu schrecklich. Und da begann die Arbeitstherapie. Er witterte den möglichen Gewinn der kommenden Wintersaison, und da er mit seiner Werbeagentur das neue Hotel selbst entsprechend bewerben konnte, begann er höchstpersönlich und mit rasender Geschwindigkeit, alle alten Teppiche, Regale und sonstige Einrichtungsgegenstände herauszureißen. So was tut gut.

Genauso wie die kommende Saison, in der er am Wochenende das Hotel führte und werktags in seiner Münchner Agentur arbeitete. Nach diesem Doppelaktivitätsschub fühlte er sich kuriert, und das Leben konnte mit neuen kreativen Ideen und mit mehr Ruhe zu Hause weitergehen. Wie immer, wenn etwas von innen heraus stimmt, braucht man wenig dafür zu tun. Und so meldete sich genau zum richtigen Zeitpunkt von ganz allein ein geeigneter Pächter für das Hotel.

Heinz Hartmann sagt zu solchen „Fügungen zum rechten Zeitpunkt": „Früher habe ich viel gekämpft und versucht, Dinge rein mit dem Willen durchzuboxen. Bis die Erfahrung mir gezeigt hat, daß es viel einfacher geht. Seither wende ich die Methode des bewußten Denkens an."

Diese Formulierung erinnert mich an das Statement von G. F. Jünger: „Wer denkt, was er weiß, der denkt noch gar nicht." Es gibt vielfältige Wege, die Kapazitäten des Denkens nur schwach zu nutzen. Und die Kraft der Gedanken nicht zur Erreichung von Zielen einzusetzen ist eine davon. Aber da ja unser Kopf rund ist, damit das Denken die Richtung wechseln kann, kann man es jederzeit mit einer neuen Denkart versuchen. Heinz Hartmann fing bereits vor 25 Jahren mit einer neuen Denkart an, nachdem er im Urlaub ein Buch von Joseph Murphy gelesen hatte. Danach war er überzeugt, Änderung werde allein dadurch möglich, daß man das Erwünschte so betrachtete, als sei es bereits Realität.

Und siehe da, diese kleine Änderung in der Einstellung brachte ihm den gewünschten Erfolg und ein sattes Umsatzplus. Das kann man doch aushalten. „Ich denke heute immer noch nicht den ganzen Tag nur positiv – denn dann wäre ich vermutlich kein Mensch mehr", sagt er heute dazu. „Aber ich denke zu zwei Dritteln konstruktiv und habe gelernt, mich zu beobachten. Ich kann in Gedanken 'Stop' zu mir selbst sagen, wenn ich merke, da oben rattert ein alter Leierkasten. Man redet doch sowieso so viel mit sich selbst. Mit keinem anderen Menschen redet man so viel wie mit sich selbst. Gleich morgens nach dem Aufstehen geht es los. Warum sollte man nicht ab und zu auch mal 'stop' und 'hier bitte eine neue Platte auflegen' zu sich selbst sagen?!"

Natürlich ist nicht jeder in der Lage, sich zwecks Arbeitstherapie ein aufzumöbelndes Hotel zu kaufen. Doch es gibt eine Fülle weiterer, kostengünstiger Möglichkeiten, die einem zu einer Neuorientierung verhelfen können. Zum Beispiel das Projekt WWOOF – willing workers on organic farms, zu deutsch: freiwillige Arbeiter auf biologischen Bauernhöfen. Das ist der Name einer Organisation, die frustrierten, zivilisationsgeschädigten Großstädtern die Möglichkeit zur Landarbeit auf Zeit einräumt. Die Bauern stellen Unterkunft und Verpflegung und teilweise auch eine kleine Bezahlung zur Verfügung. Auch was die Arbeitszeit betrifft, lassen sich individuelle Vereinbarungen treffen. Spaß an körperlicher Bewegung, an der Arbeit im Freien und am Kontakt zur Natur machen den Aufenthalt zu einer intensiven Erfahrung, die den Großstadtalltag stark relativieren kann (Infos siehe Anhang).

Für die etwas tiefer versackten Großstädter gibt es noch die „Galeeren-Therapie" oder das „Survival Training", damit man wieder lernt, wirklich wichtige von völlig unwichtigen Dingen im Leben zu unterscheiden. Vielleicht sollte man eine derartige Therapie einmal im Leben pauschal allen Menschen verordnen. Keineswegs, um sich selbst zu foltern; man glaubt gar nicht, wieviel Spaß auch die schlichteste Tätigkeit machen kann, wenn man sie schon lange nicht mehr ausgeübt hat, und wie bereichernd körperliche Arbeit sein kann, wenn man jahrelang nur geistig gearbeitet hat.

Vor über zehn Jahren habe ich mal wegen meiner damals desolaten finanziellen Verhältnisse tagsüber in einer Bildagentur gearbeitet und nachts und am Wochenende Platinen gelötet. Das war seinerzeit auch in anderer Hinsicht für mich sehr hilfreich. Denn ohne diese intensive Arbeitsphase hätte ich den ganzen Tag damit verbracht, sinnlos immer wieder dieselben Gedanken in meinem Kopf zu wälzen. So aber war ich viel zu beschäftigt und spät in der Nacht, wenn ich nach Hause kam, viel zu müde, um noch viel nachzudenken.

Man sollte es nicht glauben, aber die Lötphase war wirklich erheiternd. Der Mensch, für den und in dessen Wohnung ich gelötet habe, stand manchmal stundenlang im Türrahmen und erzählte mir einen Schwank aus seinem Leben nach dem anderen. Ich hatte die beste Unterhaltung. Manchmal kochte er sogar. Die Drohung, er werde demnächst „Restesuppe" machen, indem er einfach ein bißchen heißes Wasser auf den völlig von Essensresten verdreckten Herd kippen werde, hat er zum Glück nie wahrgemacht.

Im Moment würde ich ja am liebsten meinen Exfreund, dem ich die damalige Lötphase „verdanke", zum Löten, auf die Galeere oder zum Survival Training schicken. Keineswegs, um ihm eins auszuwischen, aber ich fürchte, er kann gerade nicht mehr so richtig zwischen wichtig und unwichtig unterscheiden. Sich die Nächte in seinem verlängerten Wohnzimmer = Nachtbar um die Ohren zu hauen, mehr Geld für Zigaretten auszugeben als so manch einer fürs Essen, DAS erscheint ihm gerade wichtig. Ich vermute, eine Expedition zu den Stämmen Sumatras, die Zivilisationsgeschädigten gerade anbieten, für zwei Wochen am Stammesleben ihrer Megalithkultur teilzunehmen (Info siehe Anhang), könnte ihm statt dessen mehr Gelegenheit zur Entwicklung eines hilfreichen neuen Denkens geben.

Heinz Hartmann berichtete unter anderem von einem Kunden, der nach dem Krieg angefangen hatte, auf einem Schubkarren die ersten Möbelstücke umherzufahren und zu verkaufen. Inzwischen hat er ein Möbelhaus so groß wie neun Fußballplätze. Dieser Kunde hatte ein klares Ziel vor Augen, und er hielt alles für möglich, selbst damals, als er nur eine Schubkarre besaß, mit der er sein Geschäft anfing.

Es geschieht immer das, was man für möglich hält. Wenn man aber schon zu lange die alten Mühlen tritt, dann gelingt es dem Verstand nicht mehr, etwas gänzlich Neues für möglich zu halten. Genau deshalb kann es die genialste Idee von allen sein, eine Phase im Leben einzuschieben, die einer „temporären Neuinkarnation" nahekommt. So etwas wie ein Stammesleben mit Tulo-Tulo-Tänzen, Ritualkreisen und energetischen Steinsetzungen. Empfehlenswert sind auch die „Visionssuchen" (englisch „vision quest") von Stefan Wolff. Verbunden mit gründlichen Vorbereitungen und Ritualen werden die „Initianden" für zwei Tage allein in den Wald geschickt, nachdem sie zuvor alles für das Überleben dort gelernt haben. Zwei Tage allein mit sich und der Natur – das wirkt oft wahre Wunder in bezug auf innere Klarheit, Selbstbewußtsein und Visionsfindung (Infos siehe Anhang). Das ist so weit weg vom gegenwärtigen Leben der meisten Menschen und so weit weg von der Champagnerebene an der Bar, daß der Verstand gar nicht mehr anders kann, als zur Abwechslung mal wieder etwas völlig Neues zu denken.

Und sobald man sich wieder etwas Neues vorstellen kann, kann auch etwas Neues geschehen. Zuerst muß es im Innen entstehen.

4 Was tun bei schlechtem Betriebsklima?

Ein schlechtes Betriebsklima, Mobbing oder sexuelle Belästigung am Arbeitsplatz stellen weitere Gelegenheiten dar, sich selbst zu helfen. Auch das muß man keineswegs jahrelang passiv über sich ergehen lassen. Denn wenn dir die Umstände nicht gefallen, ändere sie oder gehe woanders hin, wo sie dir gefallen.

Angenommen, deine Kündigungsfrist beträgt aber ein halbes Jahr und der Termin ist gerade mal wieder abgelaufen, dann hast du natürlich noch ein bißchen Zeit. Was tun bis dahin? Mein Rat: Wende die „Friede-sei-mit-dir-Technik" nach Dr. Nawrocki aus Frankfurt an. Sie geht ganz einfach: Sobald dir jemand auf die Nerven geht oder du dich von ihm geärgert oder mißachtet fühlst, schickst du dieser Person den Gedanken „Friede sei mit dir". Dabei hältst du dir sinnvollerweise vor Augen, daß die Seele eines jeden Menschen heil und reine Liebe ist. Jeder ist ein „Funken Gottes" und besteht aus demselben einen Bewußtsein wie alle. Es kann niemand 24 Stunden am Tag schlecht sein. Alles, was du tun mußt, ist, das „Göttliche" (oder das Gute und Schöne) in der betreffenden Person ansprechen anstelle der vorhandenen schlechten Eigenschaften. Du hast immer die Wahl, was du in einer Person zum Vorschein und welche Saite du in ihr zum Klingen bringen willst.

Oft im Leben habe ich den Eindruck gewonnen, daß gerade die größten Miesepeter ganz sensible Antennen haben und leicht auf „Friede-sei-mit-dir-Gedanken" ansprechen. Vielleicht haben diese Menschen nur zu ihrem eigenen Unterbewußtsein so wenig Zugang, daß sie automatisch von der Grundschwingung in ihrem Umfeld bestimmt werden. Sprich: 75 Prozent sind schlecht drauf – die Person ist maulig. Alle sind freundlich und gut drauf – die Person ist es auch. Wache Menschen bestimmen (nicht immer, aber immer öfter) aktiv über ihre Laune und überlassen diese Macht nicht der Außenwelt.

Der Persönlichkeitstrainer Michael H. Buchholz führt in seinem empfehlenswerten Buch *Alles was du willst* eine plausible Erklärung dafür an, warum man besser nur gut über andere denken und sprechen sollte. Wie er schreibt, gibt es für unser Unterbewußtsein keinen Unterschied zwischen innen und außen. Was du sagst oder denkst, bezieht es demzufolge stets auf dich selbst. Wenn du dich also z.B. über andere beklagst, beklagst du dich in den „Augen" deines Unterbewußtseins über dich. Und es wird reagieren, indem es Hormone ausschütten läßt, die dir eine negative Stimmung einbringen. Denkst du hingegen freundlich über jemanden, so tritt das Gegenteil ein: Deine Stimmung hebt sich sofort.

„Du wirst zu Staub, wenn du den Staub im anderen siehst, und zu Gott, wenn du Gott im anderen siehst", lautet eine schöne Lebensweisheit.

An einem Beispiel aus meinem Leben will ich erläutern, was die „Friede-sei-mit-dir-Technik" bewirken kann: Ich hatte mich mit einem Bekannten wegen einer geschäftlichen Besprechung zum Essen verabredet. Nach einer Viertelstunde eröffnete er mir, er habe noch einen Kollegen von weiß der Kuckuck woher, den er ein paar Stunden zuvor zufällig getroffen hatte, ebenfalls in dieses Lokal eingeladen. Mir paßte das gar nicht in den Kram, ich sah unsere Unterhaltung damit als gestört an und war schon sauer auf diesen „Störenfried", bevor er überhaupt auftauchte.

Im nachhinein dachte ich, er muß unbewußt gemerkt haben, daß er nicht willkommen war. Er kam zur Tür herein und benahm sich unmöglich. Seine erste herablassend spöttische Bemerkung galt der Tatsache, daß ich keinen Alkohol trinke. Ich sah mich jedoch keinesfalls genötigt zu rechtfertigen, warum ich das Zeug nicht trinke. Ich fand, eher soll mir der Rest der Welt erklären, was er daran findet – mir ist es vollkommen unklar. Den nächsten Disput hatten wir darüber, wie ich so spartanisch leben und nur vegetarisch essen könne. Ich schoß zurück, daß Fleischesser einen üblen Mundgeruch haben, und so „erfreuten" wir uns von Anfang an mit lauter „Nettigkeiten", kaum daß wir guten Tag gesagt hatten.

Mir reichte es bereits nach zehn Minuten, und ich begann mich zu fragen, ob er meine Ablehnung womöglich schon von weitem gespürt haben könnte. Unbewußt natürlich, davon ging ich bei diesem Menschen zumindest aus. Ich versuchte es dann mit der altbewährten „Friede-sei-mit-dir-Technik", muß allerdings zugeben, daß es sich um einen der Härtefälle handelte, bei dem sich zunächst gar nichts tat. Er war immer noch unfreundlich und unzugänglich. Ich wurde grantig und begann innerlich mit dem Universum zu schimpfen: „Was ist los? Warum geht da nix? Ich will jetzt Frieden haben. Nun bemühe ich mich doch schon so. Los, ich will jetzt die Schönheit dieser Seele sehen! Bis jetzt sehe ich nur abgrundtiefe Häßlichkeit. Aber ich weiß, es muß auch Schönheit da sein. Also, universale Intelligenz, mach hin und zeig mir die innere Schönheit dieses Knilchs!"

Ich beruhigte mich etwas, da ich fand, ich hätte meine Reklamation deutlich genug geäußert, und aß zunächst einmal schweigend, da inzwischen mein Gericht gekommen war. Die anderen beiden unterhielten sich derweil alleine weiter und wechselten dabei mehrmals das Thema. Auf einmal kamen sie auf ein Gebiet zu sprechen, mit dem ich mich im Rahmen eines Artikels für meine Zeitschrift *Sonnenwind* gerade erst intensiv beschäftigt hatte. Ich mischte wieder mit im Gespräch und war beeindruckt, was „Herr abgrundtiefe Häßlichkeit" überraschenderweise alles darüber wußte. Er war seinerseits genauso beeindruckt, weil ich einige statistische Zahlen auswendig wußte und Detailfragen stellte, mit denen sich kaum ein Mensch auskennt.

Überrascht ertappten wir uns dabei, wie wir uns gegenseitig mit neuem Respekt musterten. Da mußten wir beide grinsen. Ab da drehte sich die Stimmung um 180 Grad, und er war am Schluß so erfreut (oder vermutlich erleichtert, daß die ablehnende Stimmung sich aufgelöst hatte), daß er darauf bestand, mein Essen und alle Getränke zu bezahlen.

Ganz offensichtlich haben wir immer die Wahl, ob wir Schönheit oder Häßlichkeit im anderen sehen und ansprechen wollen.

Häufig wird durch die „Friede-sei-mit-dir-Technik" eine Kündigung wegen eines schlechten Betriebsklimas völlig überflüssig. Wenn du jedoch das Opfer von Mobbing oder sexueller Belästigung am Arbeitsplatz wirst, ist es unter Umständen wirklich besser, dir schnellstmöglich eine neue Stelle zu suchen. Anregungen dazu findest du vielleicht im nächsten Kapitel.

5 Wie finde ich einen neuen Job?

Dieses Kapitel richtet sich sowohl an diejenigen, die trotz „Friede sei mit dir" und allem guten Willen ihre Arbeitsstelle wechseln wollen, als auch an alle Arbeitslosen. Mein erster Vorschlag dazu, wie du einen neuen Job finden kannst, lautet: Gib eine Anzeige auf. Beim derzeitigen Motivationsstand des durchschnittlichen Angestellten inklusive des Managements braucht man nur in der Ortspresse mit in etwa folgendem Text zu inserieren:

„Motivierte/r Mitarbeiter/in sucht Stelle in motivierendem Unternehmen. 'Vor den Erfolg haben die Götter den Spaß bei der Arbeit gesetzt', heißt mein Arbeitsmotto, und ich möchte in einer Firma arbeiten, in dem dieser Wind noch weht. Ich freue mich auf Ihre Stellenangebote als...."

Es gibt dieser Tage in Deutschland sicherlich nicht viele Firmen, in denen dieser Wind noch oder wieder weht. Aber die, in denen er weht, suchen verständlicherweise händeringend nach Mitarbeitern, die noch nicht in ihrer Lethargie und Depression eingeschlafen sind, die noch oder wieder Lust haben, etwas zu bewegen, und die ihre Ideen und ihren kreativen Selbstausdruck ins Unternehmen einbringen wollen. Gehe davon aus, daß in den meisten Betrieben 75 Prozent der Leute null Bock haben und sie außer der monatlichen Gehaltszahlung wenig interessiert.

Bei so einer Anzeige wie oben hagelt es vermutlich Angebote. Du brauchst sie nur noch gründlich durchzusehen und den „Wind", der in den jeweiligen Unternehmen weht, sorgfältig zu erschnuppern. Nimm nur solche Stellen, bei denen du dich mit deinen zukünftigen Vorgesetzen auf Anhieb wohlfühlst. Es ist meist tatsächlich so einfach.

Karriere auf Umwegen

Weitere Tips enthält die folgende Geschichte eines arbeitslosen Studienabbrechers. Stefan konnte ewig lange nichts finden. Er pfiff schon aus dem letzten Loch, fand aber schließlich auf Umwegen doch noch den optimalen Job, den er inzwischen auch noch in Teilzeit ausüben kann.

Ein gut bezahlter Teilzeitjob ist genau das, wovon viele von uns träumen: ein sicheres Standbein, so daß man sorglos leben kann und trotzdem Zeit hat, seine sonstigen Träume schrittweise und ganz entspannt zu verwirklichen. Vielleicht bietet die Geschichte dem einen oder anderen eine konstruktive Inspiration.

Stefan war also wie gesagt nach seinem Studium lange Zeit arbeitslos und fand keine passende Stelle. Bis ihm ein Therapeut eines Tages folgenden ganz pragmatischen Rat gab: „Paß auf, du suchst dir jetzt irgendeinen Job, egal welchen. Zeitungsausträger, Briefträger, Reinigungshilfe, Fensterputzer, Bedienung, Leichenwäscher (da gibt es immer was zu tun), Aushilfsjobs auf dem Bau, Großküchenhilfe, was auch immer. Dann hast du erst einmal Geld für das Nötigste. Als nächstes gehst du eine Verpflichtung dir selbst gegenüber ein, diesen Job erst zu verlassen, wenn du etwas Besseres gefunden hast. Auch die nächste Stelle verläßt du erst, wenn du wieder etwas

Besseres hast. Wenn du dich dann irgendwann so weit hochgehangelt hast, daß keine Jobs mehr im Angebot sind, die besser als dein gegenwärtiger sind, oder nur solche, die du nicht bekommst, mache folgendes: Überlege dir genau, was besser wäre als dein gegenwärtiger Job und was du dir als nächsten Schritt vorstellen kannst. Dann suche dir ein Unternehmen, bei dem du diese Arbeit gerne ausführen möchtest, gehe persönlich mit deinen Bewerbungsunterlagen hin und bewerbe dich dort blind (auch wenn die gerade gar keinen suchen). Wenn sie dir dann absagen, weil sie ja gerade niemanden brauchen, dann gehe eine Woche später wieder hin und frage sie, ob sich nicht vielleicht was geändert hat. Dies sei ein Unternehmen, in dem du gerne arbeiten würdest, und du fragst zur Sicherheit wieder nach, läßt du die Personalchefs wissen. Mach das immer wieder. Marschiere alle zwei Wochen persönlich auf. Beim fünften Mal werden sie dich nehmen, denn es wird ihnen auffallen, daß sie im ganzen Haus kaum einen derart motivierten Mitarbeiter haben. Sollte es nicht bei der ersten Firma klappen, wiederholst du die Prozedur beim zweitbesten Unternehmen, das du dir vorstellen kannst."

Unser Arbeitsloser hat genau das getan. Sobald er sich innerlich total auf diese Art der Jobsuche eingestellt hatte, mußte er die Ratschläge allerdings gar nicht lange befolgen. Denn ruckizucki fügten sich die Dinge optimal zueinander, kaum daß er sich auf den Weg gemacht hatte.

Zunächst marschierte Stefan damals brav zur Jobvermittlung, um irgendeine Arbeit zu finden. So wie jener Therapeut vorgeschlagen hatte – egal was. Es wurde auch prompt etwas angeboten, das allerdings nicht gerade eine hochqualifizierte Ausbildung verlangt, nämlich Lötarbeiten bei einer Personal-Leasingfirma.

Er nahm die Stelle aber gleich an und wurde von diesem Betrieb in verschiedenen Abteilungen eines Großkunden als Elektroniker eingesetzt. In einer der Abteilungen, in der er als Meßkraft beschäftigt war, ergab es sich, daß er nebenbei die ganze Software auf Vordermann bringen konnte. Aus einem seiner abgebrochenen Studiengänge verfügte er über entsprechende Grundkenntnisse, und in seiner Freizeit hatte er sich weiteres Programmier-Know-how angeeignet.

Eines Tages half ihm der berühmte Zufall weiter, als ein Kollege mit einem dicken Stapel Endlospapier ins Büro kam. Dabei handelte es sich um die Dokumentation eines Computerprogramms. Irgendwo steckte da der Wurm drin, aber der EDV-Mann konnte den Fehler nicht finden. Die beiden anderen Programmierer hatten viel zu tun und verwiesen den Kollegen an die Aushilfe – unseren Lötgehilfen und Studienabbrecher. Und der machte sich einen Gag daraus. Mit einer großzügigen Geste warf Stefan den Stapel Endlospapier auf den Boden, so daß er das Dokument wie einen langen Schal überblicken konnte. Dann tippte er willkürlich irgendwohin und sagte: „Na, da haben wir es ja schon – da ist der Fehler!" Das sollte ein Witz sein, doch als er näher hinsah, wo sein Finger sich befand, gab es genau an dieser Stelle wirklich einen gravierenden Fehler. Er schloß daraus, daß die gesamte Liste vermutlich gespickt voll mit Fehlern war, von denen er zufällig auf einen getippt hatte. Ganz cool begann er zu erklären, was an jener Stelle, die er zufällig gefunden hatte, zu verändern sei. Der Kollege sammelte den Papierstapel wieder auf und verließ dankbar den Raum, während die beiden anderen Programmierer unseren Lötgehilfen ehrfürchtig beeindruckt anstarrten.

Dieser Zufall und sein bereits demonstriertes Know-how

im Programmieren brachten Stefan im Handumdrehen seine ersten Aufträge als selbständiger Programmierer ein. Von 2.800 Mark brutto im Monat ist er schlagartig auf einen Stundensatz von 50 Mark geklettert – für den Anfang nicht schlecht, oder?

Das Lehrreiche daran ist, daß er in dem Moment, in dem er bereit war, egal welchen Job auch für wenig Geld anzunehmen, an eine gut bezahlte und für ihn passende Stelle geriet, wie er sie vorher vergeblich gesucht hatte. Der Trick ist offenbar der, sich einfach mal auf den Weg zu machen, damit man auch irgendwo ankommen kann. Und unser Kandidat ist ziemlich schnell angekommen.

Zu ergänzen wäre noch, daß Stefan irgendwann in einen Programmierrausch verfiel und sich dadurch in kurzer Zeit einen Kenntnisstand aneignete, mit dem nicht viele mithalten können. Das brachte ihm schließlich den Teilzeitjob des Chefredakteurs einer Computerzeitschrift ein.

Soweit die Geschichte der Karriere auf Umwegen. Sie erinnert an die alte Volksweisheit „Hilf dir selbst, dann hilft dir Gott!" Das soll heißen, das göttliche Prinzip oder das Universum unterstützt die Menschen, die ihr Leben aktiv gestalten und die auf irgendeinem Weg sind. Denn solange man unterwegs ist, wird einem das Universum haufenweise Überraschungspakte in den Weg legen. Wenn man nicht unterwegs ist, dann liegen die Überraschungspakete zwar auch da, aber der Mensch holt sie nie ab. Das Universum schickt die Chancen, aber ergreifen müssen wir sie selbst. Es lebt nicht unser Leben für uns.

Kosmische Kicks vom Universum

Wer „noch" dauerarbeitslos ist (bevor er mit den Ratschlägen aus den vorhergehenden Seiten aktiv geworden ist) und sein Geld vom Sozialamt holen muß, dem fällt der Gang dorthin oft schwer. Daß selbst hier nicht alles grau und düster sein muß und daß man trotz allem eine Wahl hat, zeigt der folgende Leserbrief von Klaus:

Hallo Bärbel,

hier meine Geschichte, nachdem ich Dein Buch *Bestellungen beim Universum* gelesen hatte. Vielleicht interessiert sie Dich.

Ich hatte alles in allem ein mieses Jahr hinter mir. Wegen einer Firmenpleite habe ich sozusagen fünf Monate umsonst gearbeitet (als freier Handelsvertreter habe ich in dieser Zeit keine Provisionen bekommen). Ich war an einem Punkt angelangt, an dem ich früher verzweifelt wäre, aber diesmal kannte ich ja Dein Buch.

Voller Vertrauen bestellte ich beim Universum Unterstützung bei dieser Herausforderung. Und diese Bestellung wurde auch prompt ausgeliefert.

Zunächst lernte ich jemanden kennen, der mir erklärte, ich könne mich in meiner Situation um Hilfe ans Sozialamt wenden. Ich wartete nicht lange und hatte am nächsten Morgen gleich einen Termin dort. Ich kam in das Zimmer, in dem ein „typischer Beamter" saß. Konzentriert starrte er auf seinen Computerbildschirm, blickte nur kurz auf und meinte: „Setzen Sie sich!" Zunächst dachte ich mir: „Oh Gott, bei dem Gespräch kommt sicher gar nichts heraus." Doch dann kam mir der Gedanke: Versuch' es doch mal mit der „Friede-sei-mit-dir-Technik", so wie in Deinem Buch beschrieben.

Ich tat also etwa zwei bis fünf Minuten nichts anderes, als diesen hochkonzentriert wirkenden Menschen freundlich anzuschauen und „Friede sei mit dir" zu denken. Dann geschah das Unglaubliche. Der Mann lehnte sich entspannt auf seinem Stuhl zurück und sah mich freundlich an: „Was kann ich für Sie tun?" waren seine Worte.

Ich war sehr erleichtert, daß er so überraschend freundlich und offen war. Ausführlich erzählte ich ihm von den Pleiten und Pannen, die mich in den letzten zwei Jahren immer wieder ereilt und die zu meinem gegenwärtigen desolaten Zustand geführt hatten. Er hörte aufmerksam zu und meinte dann: „Herr Müller, ich verstehe Sie, ich habe auch mal im Außendienst eines Strukturvertriebs gearbeitet. Ich werde sehen, was ich für Sie tun kann."

Es ging um eine Menge unbezahlter Rechnungen. Am Ende sagte mir der Beamte finanzielle Hilfe zu, und er kannte auch schon einige Lösungswege. Das Beste kam aber ganz zum Schluß: Er hatte sogar potentielle Kunden für meine neue Geschäftsidee – eine Firma im Bereich Telekommunikationsdienstleistungen. Er nannte mir Namen und Adressen von Leuten, die seiner Meinung nach nur auf meinen Service warteten.

Danach ging ich in super Laune nach Hause. Ich mußte dringend bei meiner Krankenkasse anrufen, um ihnen mitzuteilen, daß die offenen Rechnungen vom Sozialamt übernommen würden. Dabei kam ich dann mit der freundlichen Sachbearbeiterin ins Gespräch. Am Ende gab auch sie mir eine Kundenempfehlung, an die ich ohne ihre Hilfe nicht gekommen wäre. Ich war begeistert.

Derartige Dinge erlebe ich seitdem immer häufiger, und ich freue mich immer wieder darüber, daß es im Grunde soooo einfach ist. Und ich habe für mich festgestellt, daß ich mit Hilfe des Universums immer leichter durchs Leben komme. Einmal angefangen, breitet sich die Leichtigkeit einfach aus.

Aktuellstes Beispiel ist meine neue Stelle. Jahrelang habe ich davon geträumt, die Seminare der Spitzenlehrer im Bereich Persönlichkeitsentwicklung und Mentaltraining besuchen zu können. Aber bei den Preisen war das für mich nicht drin. In meiner unsicheren finanziellen Situation suchte ich nun zunächst nach einer Halbtagsstelle, die mir ein kleines, aber festes Einkommen sichern sollte, damit ich mir meine neue Selbständigkeit auch „leisten" konnte.

Dann kam der Tag (vor zwei Wochen), an dem ich diese Stellenausschreibung von Birkenbihl las, einem der größten europäischen Veranstalter für Weiterbildung. Ich rief sofort dort an, bekam einen Termin und wurde schließlich unter 15 Bewerbern ausgewählt. Jetzt gehört es unter anderem zu meinem Job, diese Seminare auf Firmenkosten und im chicen Firmenwagen zu besuchen, in First Class Hotels zu übernachten, und das ganze wird auch noch bezahlt. Die besten Trainer Europas lerne ich jetzt persönlich kennen. WOW – wenn das keine super Bestellauslieferung ist!! Hoffentlich lernen andere Menschen, die Deine Bücher lesen, auch dieses befreiende Gefühl kennen!

Gruß Klaus

Tja, so kann's gehen, wenn man sich das Universum zum Partner wählt und an die eigenen Träume glaubt. Vertraue einfach darauf, daß diese Schritte auch dich auf einen neuen Weg führen werden, auch wenn es nicht gleich danach aussieht. Wenn du vielleicht schon sehr lange nur viiiel Zeit, aber wenig Geld hast, dann hast du vermutlich auch „unbewußte Dauerbestellungen" laufen, das heißt unbewußte hartnäckige Glaubenssätze in dir gaukeln dir vor, daß sich sowieso nichts bewegen und verändern wird. Fang' einfach du mit Bewegung und Veränderung an, und schaffe damit den inneren Raum, in dem die kreativen Kräfte des Universums dich wieder irgendwohin führen können.

Für katastrophal halte ich es hingegen, wenn man aus Ratlosigkeit längerfristig nur herumhängt und gar nichts anfängt, weil alles "irgendwie nicht so ganz das Richtige ist". Dabei verliert man mehr und mehr Energie, fühlt sich immer nutzloser und traut sich auch immer weniger zu. Auf diese Weise wird einem höchstwahrscheinlich nie eine derart geniale Idee kommen, mit der man einen „Kaltstart" von null auf hundert zum totalen Star und Erfolgsmenschen oder auch nur zu einer angenehmen Tätigkeit hinlegt. Als unbedenklich empfinde ich es jedoch, wenn Jugendliche nach der Schule erst mal ein halbes Jahr Pause machen, bis sie in die Gänge kommen. Das habe ich auch getan, und es hat meiner weiteren Laufbahn überhaupt nicht geschadet. Nach dem halben Jahr hatte ich von allein keine Lust mehr, nur untätig herumzuhängen.

Der größte Haken am Rumhängen besteht im Absacken der Energie und darin, daß man bald Mühe hat, sich persönlichen Erfolg überhaupt noch vorstellen zu können. Sobald man ihn sich aber vorstellen kann, ist er schon in greifbare Nähe gerückt. Der Automobilhersteller Henry Ford sagte dazu: "Egal, ob Sie glauben, etwas machen zu können, oder ob Sie glauben, etwas nicht machen zu können – Sie haben recht." Mit anderen Worten: Das, was du erwartest, tritt ein.

Kommen wir hier abschließend noch einmal kurz zurück auf das Kaffee-Zombie-Syndrom. Wer keiner mehr sein und endlich mehr aus sich machen will, muß herausfinden, ob sein Arbeitsfrust an ihm selbst oder aber an den äußeren Umständen liegt. Die äußeren Umstände kann man, wie wir gesehen haben, ändern, indem man z.B. durch „Friede sei mit dir" das Betriebsklima positiv beeinflußt oder indem man sich einfach einen neuen Job sucht. Die für einige Menschen wahrscheinlich beste Möglichkeit, die äußeren Umstände selbst dahingehend zu beeinflussen, daß die Arbeit zum reinen Vergnügen wird, besteht wohl darin, sich selbständig zu machen – eine Möglichkeit, die wir in den folgenden Kapiteln beleuchten werden, und zwar von all ihren rosigen und schattigen Seiten. (Bedingungen, die eine optimale Selbstverwirklichung für Angestellte ermöglichen, werden in Kapitel 15 und 16 beschrieben.)

6 Mut zur Selbständigkeit

Wenn du daran denkst, dich selbständig zu machen, so brauchst du neben der richtigen Idee und gegebenenfalls ein wenig Startkapital natürlich auch eine gewisse Portion Mut sowie Vertrauen in die eigenen Kräfte. Darüber hinaus solltest du dich einmal fragen, was dir im Beruf wirklich wichtig ist. Steht Sicherheit bei dir an erster Stelle? Willst du um jeden Preis viel Geld verdienen, egal womit? Oder ist es dir am allerwichtigsten, daß die Sache dir viel Spaß macht und du daraus Kraft und Freude tanken kannst?

Ich persönlich habe im Laufe vieler Jahre entdeckt, daß ich „seltsamerweise" nur Geld mit den Dingen verdiene, die ich wegen ihres Nutzens und aus reinem Vergnügen tue. Sobald das Geld im Vordergrund steht, geht alles schief. Ich habe oft überlegt, woran das liegt. Schließlich verdienten andere Leute Geld wie Heu mit genau den Dingen, die bei mir gar nicht funktionierten. Ich fand das damals ausgesprochen unlogisch, und mir war völlig unklar, was die anderen anders machten als ich. Irgendwann stellte ich schließlich fest, daß man offenbar niemals irgendwelche Produkte oder Dienstleistungen verkauft, sondern eigentlich nur sich selbst. Nur wenn das, womit man Geld verdienen möchte, das Selbst optimal oder wenigstens gut ausdrückt, dann läuft der Laden. Anders ausgedrückt: Man muß voll und ganz hinter dem stehen können, was man tut. Erfolg ist damit keine Frage der Technik oder des Produktes, sondern vielmehr eine

Frage der Persönlichkeit, wie wir an vielen Beispielen noch sehen werden.

Für einige Menschen sind Erfolg, Einfluß und Geld so wichtig, daß sie einfach mit allem Geld verdienen können. Mir waren nur leider Erfolg, Einfluß und Geld immer vollkommen unwichtig. Ich wollte Geld nur deshalb haben, um es gegen Freiheit eintauschen zu können. Das reichte aber als Erfolgsmotor für irgendein x-beliebiges Geschäft hinten und vorne nicht aus.

Es schien für mich nur einen Weg zu geben, Geld zu verdienen: nämlich den, für etwas zu arbeiten, das mir wertvoll erscheint und meine eigene Persönlichkeit ausdrückt. Wie gesagt: Manchen Menschen sind Erfolg, Geld und Einfluß sehr viel wert, und sie können allein dafür arbeiten. Anderen sind andere Dinge wichtig – Dinge, die man mit Geld erwerben kann: Freiheit, Lebensqualität, kreativer Selbstausdruck, was auch immer. Solche Menschen können genau wie die erste Gruppe auch nur für das arbeiten, was ihnen persönlich wichtig ist – und wie bei der ersten Gruppe kommt das Geld dann automatisch.

Gruppe 1 will Geld, Erfolg, Einfluß und verkauft egal was. Das ist durchaus ein Vorteil, denn man kann diese Gruppe mit Dingen arbeiten lassen, die sonst keiner machen will. Und sie machen es auch noch gern. Der Nachteil ist, daß Teile dieser Gruppe nicht notwendigerweise und oft erst an zweiter Stelle darüber nachdenken, ob das, was sie da tun, auch Sinn macht und gut für alle ist. Jedenfalls arbeitet diese Gruppe für das, was ihr wichtig ist, nämlich den Erfolg etc., und das Geld kommt dabei automatisch.

Gruppe 2 will Werte und Lebensqualität erreichen, und indem sie dafür arbeitet, kommt ebenfalls automatisch die Geldmenge, mit der Gruppe 2 sich wohlfühlt.

Mit der Selbständigkeit ist es ganz ähnlich wie mit den Bestellungen beim Universum: Je mehr man mit Leichtigkeit und Freude an die Sache herangeht, um so mehr Aussicht auf Erfolg besteht. Und je mehr Druck und Krampf im Spiel ist, desto hartnäckiger entzieht sich einem meist der ersehnte Erfolg.

Jede Menge Druck ist häufig durch die Tatsache gegeben, daß man ja ein bestimmtes Minimum an Geld verdienen muß, um seinen Lebensunterhalt sicherzustellen. Muß man darüber hinaus noch Kinder und den Ehepartner ernähren, so steigert dies den Druck gewöhnlich noch mehr. Oft wird nicht einmal viel darüber nachgedacht, ob einem das, womit man diesen „Lebensunterhalt" verdient, Spaß macht oder nicht. Da heißt es nur: „Zwei Kinder, Frau und Haus – da muß ich halt das Erstbeste arbeiten, egal ob es mir Spaß macht oder nicht. Da gibt es nichts nachzudenken. Das IST halt so."

Jemand mit dieser Einstellung ist als Angestellter dazu prädestiniert, ein Kaffee-Zombie zu werden. Als Selbständiger könnte er sich leicht ein Magengeschwür oder Schlimmeres zuziehen, weil er aus lauter Existenzangst zum Workaholic wird, der trotzdem nur noch rote Zahlen schreibt.

Deshalb sollte man gerade vor dem Schritt in die Selbständigkeit auch einmal über seinen Lebensstandard und sein Konsumverhalten nachdenken: Wieviel Geld brauche ich/brauchen wir wirklich unbedingt, um „existieren" zu können. Könnte ich notfalls auf ein neues Auto alle drei Jahre verzichten? Muß der jährliche Familienurlaub wirklich immer so exklusiv und so teuer sein? Ließe es sich nicht vielleicht glücklicher ohne das ach so schöne Eigenheim leben, das man bei der vielen Arbeit ohnehin kaum noch sieht und das einem überdies angesichts der immens hohen Monatsraten kaum noch Luft zum Atmen läßt? Und brauchen die Kinder in ihrem Alter wirklich schon so viel Taschengeld und all die teuren Markenklamotten? Sind diese Dinge nicht bloßer Ersatz für Liebe und Anerkennung?

Hier gilt es ganz einfach, Prioritäten zu setzen. Ist einem die materielle Sicherheit am wichtigsten, oder kommt es einem vielmehr darauf an, Freude, Kraft und Zufriedenheit aus einer erfüllenden Tätigkeit zu ziehen? Für die Selbständigkeit gilt ganz besonders: Je weniger Geld ich als Existenzminimum brauche, desto weniger unnötigen Druck lade ich mir auf. Auf die Dauer sollte das Ziel natürlich darin bestehen, Spaß an der Arbeit zu haben UND angenehm viel Geld zu verdienen.

Am allerbesten ist es vielleicht, wenn die Selbständigkeit aus einem Hobby erwächst. Jeder hat etwas, das er besonders gern tut. Und was man besonders gern tut, das kann man auch besonders gut und umgekehrt. Außerdem steht dabei der Spaß ganz selbstverständlich im Vordergrund, denn sonst wäre es ja keine Freizeitbeschäftigung, der man freiwillig nachgeht. Überlegenswert ist es vielleicht, sein Hobby zunächst auf nebenberuflicher Basis daraufhin zu testen, ob sich damit auch wirklich Geld verdienen läßt. Auf diese Weise bleiben einem der Spaß an der Sache einerseits und durch den festen Job die materielle Sicherheit andererseits erhalten. Stehen die ersten Anzeichen für den Erfolg der Geschäftsidee gut, dann könnte man sich im nächsten Schritt zunächst auf Teilzeitbasis damit selbständig machen; d.h. als sicheres Standbein besorgt man sich irgendeine Halbtagsstelle, die das Existenzminimum sichert, und in der anderen Tageshälfte versucht man, seine Lieblingsbeschäftigung weiter auszubauen.

Vorsicht ist allerdings geboten, rein kreative Hobbys wie Schreiben, Malen, Komponieren etc. zum Beruf zu machen. Denn wenn der erste große Wurf gelungen ist und einem kommerziellen Erfolg beschert, möchte man natürlich gleich noch einen draufsetzen. Dabei kann man sich aber selbst derart unter Druck setzen, daß einem schließlich gar nichts mehr einfällt, oder aber man liefert schlechte Qualität ab. In diese „Kreativitätsfalle" gerät man nur, wenn die Gier nach Erfolg und viel Geld den reinen Spaß an der schöpferischen Freizeitbeschäftigung überlagert und schließlich ganz blockiert.

Neustart mit doppeltem Boden

Vielen fehlt der Mut, sich in das Wagnis Selbständigkeit zu stürzen. Manchmal aber ist das „Schicksal" uns gnädiger, als wir es auf den ersten Blick zu verdienen scheinen. Es gibt uns Starthilfen, wenn wir uns wenigstens bemühen herauszufinden, was wir denn wollen würden, wenn uns nur trauten, überhaupt etwas zu wollen. Ein gutes Beispiel dafür ist eine Verwandte von mir, die lange Zeit als Angestellte im mittleren Management tätig war. Bereits seit meiner frühen Jugend sprach sie permanent davon, daß sie sich viel lieber selbständig machen würde. Und EINES TAGES werde sie das auch tun.

Die Jahre zogen dahin, ohne daß EINES TAGES aufgetaucht wäre. Der Angestelltenjob war halt so schön sicher und frustrierend – wer gibt sowas schon gerne auf? Inzwischen hatte sie auch eine Familie zu versorgen, da kann man ja nicht mehr nur an sich denken, sondern muß auch auf die Kinder Rücksicht nehmen, auf die man den Frust dann überträgt – ähh, ich wollte sagen, denen man keine materiellen Frustrationen zumuten darf. Also lieber emotionaler Frust und im ungeliebten, aber ach so sicheren Job bleiben.

Doch sie wußte es ganz genau: Eigentlich hätte sie viel lieber ihr eigenes Geschäft. Und das erzählte sie auch jedem, jahrein, jahraus. Das Universum hörte durchaus mit und sandte ihr diverse Gelegenheiten, sich selbständig zu machen. Aber die waren ja alle so unsicher, hätten so viel Risikobereitschaft, Eigenverantwortung und zusätzliches Engagement erfordert – nein, nein, da bleiben wir doch lieber im Angestelltenjob. Zumindest war es das, was sie immer wieder für sich entschied. Laut sagte sie: „Ich würde ja eigentlich wollen, aber aus diesem und jenem Grund paßt dies nicht so gut und jenes nicht und überhaupt..."

Gefährlich, gefährlich, solche Äußerungen. Denn das Universum hört immer mit. Irgendwann muß sich der kosmische Bestellservice gedacht haben, daß er die alte Schallplatte „Ich würde ja gerne, aber..." nicht mehr hören könne, und so griff er in die Trickkiste. Er bot ihr einen supersicheren Angestelltenjob mit mehr Gehalt an als sie mit ihrem gegenwärtigen Posten verdiente und der außerdem mehr Verantwortung mit sich brachte. Doch er frustrierte sie genauso wie zuvor.

Aber – und da werden die sich im Universum die Hände gerieben haben – kaum hatte sie sich in diesen neuen Job eingearbeitet, beschloß das Unternehmen, die gesamte Abteilung, die nun von meiner Verwandten geleitet wurde, zu schließen und den Betrieb völlig umzustrukturieren. Ergebnis: Sie wurde gekündigt und mit sofortiger Wirkung freigestellt. Doch das Gehalt wurde noch ein Jahr lang weitergezahlt, da eine einjährige Kündigungsfrist bestand. Dieses eine Jahr Nachdenken zu Hause, inklusive viel Zeit für sich selbst und für die Familie hat dann endlich ausgereicht, den Schritt in die Selbständigkeit zu riskieren. Und so führt sie nun schon seit sieben Jahren erfolgreich ihre eigenen Geschäfte.

So geht es oft: Jemand will unbedingt etwas, traut sich aber nicht und muß schließlich zu seinem Glück fast gezwungen werden. Dabei geht man natürlich durch eine Phase der Panik, die ich aus meinen freiberuflichen Tätigkeiten auch sehr gut kenne. Kaum läßt der nächste Auftrag ein wenig auf sich warten, steigen lähmende Existenzängste in mir auf. Doch gerade dann war und ist mir das Universum stets ein zuverlässiger Partner.

Ob es dir letztlich gelingen wird, auch in einem erfüllenderen Job Fuß zu fassen (das kann ja durchaus auch als Angestellte/r sein), hängt keineswegs allein davon ab, ob das neue Projekt nach logischen und marktanalytischen Gesichtspunkten erfolgreich aussieht, sondern vielmehr davon, ob du dir und dem Schicksal überhaupt eine Chance läßt. Geh dein Leben doch mal in Gedanken durch: Wieviele Chancen hast du schon sausen lassen?

Wer sich wie meine Verwandte aus obigem Beispiel für den Anfang eine sichere Grundlage wünscht, kann übrigens auch vom Arbeitsamt Hilfe bekommen. Das gilt allerdings nur für diejenigen, die arbeitslos sind, bereits entsprechende Bezüge erhalten und sich selbst einen neuen Arbeitsplatz schaffen. In diesem Fall zahlt das Arbeitsamt bis zu sechs Monaten Überbrückungshilfe. Zu Existenzgründungsfragen berät die örtliche IHK (Industrie- und Handelskammer). Die besten Ratschläge aber gibt dir deine eigene innere Stimme. Oder bestell' dir Eingebungen, Ideen und Gelegenheiten beim Universum. Ergreifen mußt du die Gelegenheiten allerdings selbst.

7   Das Genie in dir

Überlege einmal, wer auf der Welt dich warum beeindruckt? Ist da irgendwer dabei, der einfach die Standards hernimmt, wie sie sind, und nur brav nachplappert, was andere vorplappern? Beeindruckt es dich, wenn jemand Auswendiggelerntes gut aufsagen kann? Oder beeindrukken dich nicht viel eher diejenigen Menschen, die Dinge umsetzen, die bis dahin undenkbar waren?

Vielleicht kennst du die Kinderfotografin Anne Geddes. Sie fotografiert kleine Babies, die in Kohlköpfen, alten Latschen oder Blumentöpfen stecken. Wenn sie das Konzept vorher verbal jemandem vorgetragen hätte, dann hätte sie vermutlich bestenfalls ein paar mitleidige Blicke geerntet. Aber die meisten Menschen, die ihre Bildbände kennen, können nicht umhin, von ihren Fotos einfach begeistert zu sein. Sie verkaufen sich weltweit. Als Kohlköpfe verkleidete Babies verkaufen sich weltweit. Diesen Satz muß man sich mal auf der Zunge zergehen lassen!

Wenn das möglich ist, was sollte dann an deinen Ideen schlecht oder nicht verwirklichbar sein? Es gibt nur ein kleines Hindernis: Auf dem Weg zu dem Genie in dir darfst du weder den Verstand noch das ängstliche, kleine Ego in dir befragen, sondern du solltest dein Genie in Zusammenarbeit mit dem riesengroßen Licht in dir finden und ausdrücken. Das soll natürlich keineswegs heißen, daß du deinen gesunden Menschenverstand generell ausschalten sollst. Doch zu deiner Genialität und Kreativität ist deine innere Stimme einfach ein besserer Wegweiser.

Walter Russell sagt dazu: „Der einzige Unterschied zwi-

schen dem größten Genie der Welt und dem Durchschnittsmenschen liegt darin, daß ein Genie um das Licht in seinem Inneren weiß und der Durchschnittsmensch nicht."
Russell war autodidaktischer Musiker, Literat, Architekt,
Maler und Bildhauer und auf allen Gebieten außergewöhn-
lich erfolgreich. Er lebte von 1871-1963. Seine Biographie *Vielfalt im Einklang*, geschrieben von Glenn Clark,
ist eine hervorragende Anregung, das eigene Genie in
sich zu entdecken und auch zu leben. Das stärkt das Vertrauen in die eigenen Kräfte und verleiht einem den Mut,
unkonventionell zu sein, Dinge zu wagen, die andere für
unmöglich halten. Hier noch ein paar schöne Zitate von
Walter Russell:

„Die Hoffnung der Welt und ihrer Kultur liegt darin, daß
mehr Genies hervorgebracht werden, und die einzige Möglichkeit, mehr Genies hervorzubringen, ist, den Menschen
ihr Genie bewußt zu machen."

„Je mehr ihr euer Genie entfaltet, desto besser könnt
ihr die Welt auf die Ebene emporheben, die ihr selbst
erreicht habt. Habt ihr euch jemals klargemacht, daß es
keine Kriege gäbe, wenn die Welt aus lauter Genies bestehen würde?"

„Ok, ok", höre ich da ein paar halb überzeugte Leser
maulen. „Aber wie bitteschön entdecke ich denn das
Genie in mir, wenn selbst meine Intuition sich noch im
Tiefschlaf befindet?"

Es ist einerseits bedauerlicherweise und andererseits
glücklicherweise immer das gleiche: Wenn du voller Vertrauen bist und glaubst, daß alles möglich ist, dann stellt
sich diese Frage erst gar nicht. Gehörst du hingegen eher
zum „Ja-aber-Typ", der stets schnell mit Ausreden bei der
Hand ist und tausend Gründe findet, warum etwas unmöglich ist, statt sich für die tollsten Zufälle und Fügun-

gen offenzuhalten, so kommt dich das leider relativ teuer zu stehen. Mangel an Glauben und Vertrauen läßt sich nur ausgleichen, indem man sich Stück für Stück vorarbeitet und schrittweise Land gewinnt.

Fang' einfach an, Dinge zu tun, die du gut kannst, egal wie klein und unbedeutend sie auch sein mögen. Nimm dir immer wieder Zeit für dich selbst und überlege einmal, was du besonders gut kannst. Frage dich, wann dir in deinem bisherigen Leben etwas gut gelungen ist. Tu diese Dinge dann öfter, selbst wenn du im Moment noch nicht einmal den Anflug eines direkten Nutzens darin erkennen kannst. Der Nutzen besteht darin, daß du innere Tore öffnest. Der Rest kommt von ganz allein.

Eine Bekannte von mir, von Beruf Geschäftsführerin, fühlte sich zum Beispiel in ihrem Job alles andere als erfüllt und war mittlerweile bereits ganztags lethargisch. Eines segensreichen Tages erinnerte sie sich daran, daß sie früher mal gut tanzen konnte und auch Spaß dabei hatte. Doch mittlerweile war sie dafür ja zu alt, wie sie meinte. Wer würde heutzutage schon noch mit ihr tanzen wollen! (Das ist die Ja-aber-Haltung, von der ich oben sprach.)

Der Drang nach Bewegung wurde aber immer größer, und so wagte sie es eines Tages immerhin, sich in einem der üblichen Tanzkurse umzusehen. Und siehe da, ihre Talente sind noch immer beeindruckend. Diese Erfahrung beflügelte ihre Laune und Energie, der ganze Charme eines vergnügten Menschen trat mehr und mehr zu Tage, und hast du nicht gesehen, wollten selbst Männer, die nur halb so alt waren wie sie, in den Genuß eines Tanzes mit ihr kommen. Das steigerte ihre Laune natürlich noch mehr, und der neue Schwung griff schließlich auch auf ihr Berufsleben über. So fiel ihr "plötzlich und überraschend" auf, daß sie eigentlich in ihrem Job noch weitere Elemente mitaufnehmen könnte, die ihr mehr Spaß machen und den Arbeitsalltag erfüllender gestalten.

So was meine ich mit: Tu Dinge, die du gut kannst – sei es basteln, babysitting, kochen, Skulpturen aus Schrottteilen herstellen, Mofas reparieren, Briefe schreiben, zuhören, erzählen oder was auch immer. Tu es, und du wirst merken, wie es dir gut tut. Auch ein Spaziergang zum Sonnenaufgang tut gut und bringt den Geist auf neue Gedanken. Gib den guten Gefühlen eine Chance, sich wieder bei dir auszubreiten, denn damit gibst du auch dem Genie in dir die Chance, sich zu Wort zu melden.

Zum Schluß noch ein paar Tips, die für Selbständige und solche, die es werden wollen, ebenso gelten wie für alle, die ihre berufliche Erfüllung lieber im Angestelltenverhältnis suchen:

☺ Genauso wie alle anderen Menschen auf der Welt kannst auch du etwas ganz Bestimmtes besonders gut. In dir schlummert ein vollkommenes Potential (oder es ist schon ganz oder teilweise aktiv), durch das du deine Persönlichkeit optimal ausdrücken kannst.

☺ Es gibt vermutlich sogar mehrere Tätigkeiten, die dir so viel Spaß machen, daß du daraus mehr Energie gewinnst als du hineinsteckst.

☺ Die Natur ist an glücklichen Menschen interessiert und hat daher jeden mit einer ganz individuellen Möglichkeit ausgestattet, ein glückliches Leben zu führen.

☺ Man muß zwar zuerst säen, um zu ernten, und jeder Baum benötigt eine gewisse Zeit, um Früchte zu tragen. Aber gerade deshalb solltest du die richtigen Samen säen – nämlich solche, deren Früchte dir dann auch schmecken.

☺ Wenn du nicht mehr weiter weißt oder unsicher bist, was du machen sollst, wende dich um Hilfe ans Universum, so wie ich das mache: „Hallo Universum, ich bestelle hiermit ein Zeichen, worin der nächste Schritt für mich bestehen könnte. Bitte um eine Gelegenheit oder eine gute Idee." Gehe anschließend sehr aufmerksam durchs Leben. Jeder könnte eine „geheime Botschaft" für dich haben. Wenn du hingegen nur mit leerem Blick durch alle deine Gesprächspartner hindurchschaust, wirst du die Botschaften, die in zufällig dahingesagten Bemerkungen liegen können, vermutlich nicht hören. Vielleicht ist es auch ein Buch oder ein Zeitungsartikel oder etwas ähnliches, das dich inspiriert und deine Frage nach dem nächsten Schritt beantwortet. Oder du wachst schlagartig mitten in der Nacht auf, weil dir die geniale Idee schlechthin gekommen ist.

☺ Manche betreiben auch Jogging nach der sogenannten LA3-Methode von Dr. Ulrich Strunz und schwören darauf, daß der Sauerstoffüberschuß im Gehirn die Kreativitäts- und Energiespritze schlechthin ist. Die Grundannahme bei der LA3-Methode (Laktose- bzw. Fruchtzuckerspiegel unter 4) besteht darin, daß man immer im Sauerstoffüberschuß bleibt, wenn man beim Joggen nie außer Atem kommt, sondern dabei immer noch gemütlich erzählen könnte. Das erreicht man, indem man immer drei Schritte lang aus- und drei Schritte lang einatmet, ohne weiter zu beschleunigen. Durch diesen Sauerstoffüberschuß können selbst bei Pensionären noch neue Nervenverbindungen im Gehirn entstehen, was die Kreativität enorm fördert und völlig neue Kräfte freisetzt.

☺ Aus dem Säen von kleinen kraftvollen Samen der Freude erwächst – oft ohne daß wir es gleich erkennen können – der Baum, der die richtigen Früchte für uns trägt. Aber wer nie sät, wird auch nie ernten. Und wer nur freudlose Anstrengung in einer ungeliebten Tätigkeit sät, erntet sicherlich nie etwas über die primäre Bezahlung hinaus.

☺ Wenn irgend etwas im Job und bei der Arbeit hakt, dann suche die Fehler NIE nur im Außen. Suche ganzheitlich, d.h. genauso gründlich im Innen. Mit der Zeit wirst du merken, daß du Fehler im Innen viel schneller aufspüren und auch schneller und effektiver beheben kannst als die im Außen. Aber da findet jeder seine individuelle Strategie, der sich aufmacht und sich spielerisch darum bemüht (man kann auch im Bemühen Leichtigkeit anwenden; Verbissenheit tut nie gut).

☺ **Wann immer du das Gefühl hast, dich mit harter Disziplin zu etwas dringend Notwendigem zwingen zu müssen, sieh nach, ob du nicht doch ein wenig netter zu dir selbst sein kannst.**

Hierzu ein Beispiel: die jährliche Steuererklärung. Fast jeder haßt sie und muß sich dazu zwingen. Aber auch da gibt es Unterschiede. Ich kann mich bei strahlendem Sonnenschein selbst foltern und mich zum Erledigen der Steuererklärung verdonnern, weil ich mir genau diesen Tag im Kalender dafür angekreuzt habe.

Oder ich gehe bei Sonnenschein wandern und teile meinem Unterbewußtsein, der inneren Weisheit, dem Universum oder wem auch immer mit: „Leute, bis dann und dann hätte ich gerne die Steuererklärung erledigt. Ich lege schon mal alles soweit parat, und ihr sagt mir, wann der beste Tag dafür ist." Wenn du jemand bist, der grundsätzlich gerne lebt, fast nur Dinge tut, die er mag, so kannst du dich darauf verlassen, daß irgendein Tag kommt, an dem die Gelegenheit optimal ist: Es regnet Bindfäden, Termine fallen plötzlich aus, die Nachbarn bringen Tee und selbstgebackenen Ökokuchen vorbei, und du weißt:

„Heute wäre es kein großer Verlust, den Tag mit der Steuererklärung zu verbringen."

Wenn ich diese Gelegenheit dann beim Schopfe packe, wird allein die Freude darüber, daß ich nicht so dumm war, den Sonnentag von neulich zu vergeuden, mir schon wieder den ersten Motivationsschub geben. Und kaum bin ich wieder (trotz Steuern) guter Laune, ruft vielleicht auch noch jemand an, der ebenfalls gerade Buchhaltung macht, und wir helfen uns mit gegenseitigen Tips aus. Dann geht der ganze Zettelkram gleich viel schneller von der Hand. Wenn ich fertig bin, bin ich darüber so froh, daß ich mich gleich selbst zu etwas besonders Schönem einlade und mich damit belohne. Und so läßt sich selbst die Steuerklärung ertragen, ohne daß sie die gute Laune ernsthaft beeinträchtigen würde.

Wenn du auf dieselbe Weise vorgehst und das immer öfter, dann macht dein Unterbewußtsein eine wichtige Erfahrung mit dir. Es speichert nämlich ab: „Ach, das mit den lästigen Notwendigkeiten ist gar nicht so schlimm, denn so kreativ wie wir (mein Tagesbewußtsein und ich) sind, fällt uns da sicher was ein, wie wir selbst das elegant und mit wenig Ungemach lösen."

Wenn du schon sehr lange in dieser gräulichen „Is-ja-eh-alles-Mist-Stimmung" herumgelaufen bist, dann ist der erste Versuch, dir eine unliebsame Tätigkeit erfreulich zu gestalten, noch harte Arbeit. Schon beim zweiten Mal weißt du, daß du es immerhin schon einmal geschafft hast. Und dann geht es immer schneller und einfacher, und die Ideen und Gelegenheiten fallen dir nur so zu. Einmal jedoch wirst du den Anfang machen und dir die erste Gelegenheit selbst schaffen müssen. Anschließend wirst du merken, wieviel Kraft du daraus schöpfst und wie es schließlich immer fließender und leichter geht.

8 Wieviel Anstrengung ist nötig

Wieviel Anstrengung ist eigentlich nötig, um beruflich erfolgreich zu sein? Und wie sieht es mit Geduld und Ausdauer aus? Sollte man stets durchpowern, niemals aufgeben, immer wieder neu anfangen, bis es klappt? Sich beeilen, um potentieller Konkurrenz zuvorzukommen?

Das alles hört sich einerseits vernünftig an, und doch hat man andererseits das unbestimmte Gefühl, es könnte möglicherweise auch anders, leichter gehen. Wir sind hier bei einer Gratwanderung angelangt, bei der es gilt, sinnvoll mit verschiedenen Faktoren zu jonglieren. Ein Patentrezept gibt es nicht. Die Bedeutung der Problematik versuche ich an zwei Extremszenarien und dann an einigen Beispielen aus der Praxis darzustellen.

Ein Worst-case-Szenario: Jemand powert hart durch, weil er um jeden Preis Erfolg haben will. Ohne Rücksicht auf innere und äußere Verluste wendet er immer wieder dieselbe Methode an, die er sich bei anderen abgeschaut hat. Und obwohl er immer wieder Mißerfolge und Rückschläge erlebt, versucht er es mit unverminderter Kraft wiederholt auf dieselbe Weise nach dem Motto: „Irgendwann muß es doch klappen! Bei den anderen klappt es schließlich auch!" Und vielleicht klappt es sogar irgendwann einigermaßen. Fragt sich nur, wie gut es einem bei so einem Leben geht – geistig, seelisch und körperlich.

Das gegenteilige Szenario: Jemand arbeitet kontinuierlich an Dingen, die ihm Spaß machen. Er ist dabei weich und flexibel, aber nicht zu weich – nennen wir ihn elastisch im Verhalten. Mit dem, was er tut, bringt er voll und ganz seine Persönlichkeit und Individualität zum Ausdruck. Dabei ist er stets offen für neue Wege und Möglichkeiten, und er lebt in einer Art Urvertrauen und innerer und äußerer Achtsamkeit immer so, daß er seinen ganz individuellen Weg zwischen Effizienz bei der Arbeit einerseits und privater Lebensqualität andererseits findet.

„Ja, ja, schöner Traum", höre ich da schon einige Leserstimmen, „das mag schön und gut sein, aber der von Szenario 2 verdient doch heutzutage keine Mark mit so einer Haltung!" Irrtum! Nicht, wenn er die richtige Mischung einsetzt.

Hierzu ein Rätsel – mal sehen, wer es löst:

Das zu erratende Unternehmen besteht seit circa 1920 und wurde damals bald zum Marktführer. Seit 53 Jahren führt es der Sohn des Gründers. Beim Sohn gibt es auch heute noch keine Abteilung für Marketing – das macht er selbst. Er verwendet immer noch denselben Slogan wie sein Vater 1920, lediglich mit einem kleinen Zusatz. Als Werbeträger hat er genau eine Person unter Vertrag. Auch diese ändert sich nie. Das Hauptprodukt der Firma ist ebenfalls noch dasselbe wie 1920. Es gibt zwar noch weitere wichtige Erzeugnisse, aber der einzige, der sie entwickelt, ist der Chef selbst. Führungsbesprechungen finden meist entweder in seiner Privatsauna, auf der Jagd oder im Ferienhaus statt.

Nun kommen die Rätselfragen: Wie erfolgreich wird das ehemals marktführende Unternehmen heute wohl noch sein? Wieso ist der Laden bei dieser Firmenpolitik in den 53 Jahren noch nicht Konkurs gegangen? Welche Firma könnte gemeint sein?

Die Lösung – bitte festhalten: Das Unternehmen ist mit

60 Prozent Marktanteil immer noch Nummer 1 in Deutschland und Europa, hat 5000 Mitarbeiter und einen geschätzten Umsatz von zwei Milliarden Mark. Die Firma heißt Haribo, das Dauerprodukt Gummibärchen, und den seit 1920 bestehenden Werbeslogan mit der einzigen Erweiterung, die es je gab, kennt vermutlich jeder: „Haribo macht Kinder froh – und Erwachsene ebenso."

Tja, was ist da los? Die Postzentrale befindet sich übrigens im Büro des Chefs. Er will nicht, daß unangenehme Briefe vertuscht werden, deshalb müssen auch die Führungskräfte sich ihre Korrespondenz bei der morgendlichen Postbesprechung beim Chef abholen.

Der Mann ist mit Sicherheit beharrlich und fleißig, doch er arbeitet vor allem auch gerne. Für ihn ist zwar die Firma sein Hauptlebensinhalt, aber Genuß und Freude dürfen auf keinen Fall zu kurz kommen, weshalb die Besprechungen oft in schöner Umgebung stattfinden. Er läßt seine Führungsriege gerne auch zum Bericht einfliegen, wenn er gerade an der Côte d'Azur badet. Im Festefeiern ist er groß, da bläst er auch mal selbst ins Saxophon. Auch treibt er gerne Sport, und für die Mitarbeiter hat er extra eine werkseigene Badmintonhalle bauen lassen. Besser bezahlen als in der Branche üblich tut er übrigens auch – er kann es sich leisten.

Er hat einen sehr individuellen Weg gefunden, seinen Neigungen nachzugehen (er steht oft selbst am Fließband und futtert Unmengen von Gummibärchen und sonstige hauseigene Süßigkeiten), und seine Vision und Persönlichkeit sind stark genug, um auf „lästigen Schnickschnack" wie eine Marketingabteilung, ständige Neuerungen in der Werbung oder eine Produktentwicklungsabteilung verzichten zu können. Auf geheimnisvolle Weise hat er immer selbst den richtigen Riecher (oder Schmecker) bei neuen

Lakritzstangen und Cola-Fläschchen. Aus seinen Produkten hat er einen Kult gemacht, und wer auch immer sonst Gummibärchen & Co. herstellt, hat keine Chance gegen das Original. Dabei haben auch Freizeit, Genuß und Spaß einen hohen Stellenwert im Leben des Haribo-Chefs.

Er verfügt eindeutig über eine klare Vision, eine gute Intuition und über Einfallsreichtum. Er geht seinen eigenen Neigungen nach und verwirklicht selbst bei der Arbeit seine Persönlichkeit. Und so gelingt es ihm, die oft widersprüchlich erscheinenden Faktoren wie harte Arbeit, Geduld und Zähigkeit einerseits und Leichtigkeit, Genuß und Lebensfreude andererseits aufs beste unter einen Hut zu bringen. Diese Dinge widersprechen sich dann auch nicht mehr, sondern die Kunst besteht darin, nur solange zäh und ausdauernd an einer Arbeit und einer Methode festzuhalten, wie es Spaß macht und Erfolg bringt.

Rationalität und allgemeine Effizienz in der Unternehmensführung spielen bei 5000 Mitarbeitern sicher auch eine große Rolle. Aber wer sein Handwerk beherrscht, der kann es sich leisten, unkonventionell zu sein und auf ständige Neuerungen zu verzichten. Ein herkömmliches Unternehmen wäre mit immer demselben Slogan in 80 Jahren einfach untergegangen. Hans Riegel (Hans Riegel Bonn = Ha Ri Bo) hat es irgendwie im großen Zeh, daß es bei ihm eben doch geht, ja vielleicht macht gerade das Beständige und darum Altbekannte einen Teil des Erfolgs aus. Mit der Wahl von Thomas Gottschalk als Dauerwerbeträger für seine Produkte hat er sicher auch ein geniales Gespür für die passendste Person für diesen Zweck gezeigt.

So viel dazu, daß Spaß an der Arbeit und Erfolg sich keineswegs widersprechen müssen.

Ich persönlich habe sowohl Szenario 1 als auch Szenario 2 intensiv getestet. Hier einige Kurzberichte dazu.

Szenario 1: Ich beobachtete, wie Freunde und Bekannte immense Geldsummen im Vertrieb von sogenannten Multilevel-Marketingsystemen verdienten (das sind hierarchische Direktvertriebssysteme, bei denen jemand sich immer neue Mitarbeiter heranzieht, die ihrerseits wieder neue Mitarbeiter anheuern usw., und der ganz oben bekommt Prozente an den Umsätzen all seiner Untergebenen). Also meinte ich in jungen Jahren, ebenfalls nur viel Zeit, Fleiß, Arbeit und Ausdauer in solche Tätigkeiten stecken zu müssen, und dann müßte ja zwangsläufig irgendwann der Rubel rollen. Aber leider rollte er nicht. Ich hatte übersehen, daß ich ungeheure Anstrengungen in etwas investierte, das mir einfach nicht lag und meiner Persönlichkeit rein gar nicht entsprach.

Szenario 2: Wenn einem etwas Spaß macht, muß man sich nicht unbedingt an alle herrschenden Regeln halten, wie wir schon am Beispiel Haribo gesehen haben. Der Spaß bei der Arbeit bringt einen automatisch in guten Kontakt mit seiner Intuition und verleiht einem ungeahnte Kräfte. Wenn man in dieser kreativen Kraft der Freude arbeitet, kann man die Dinge in vielerlei Hinsicht ungeniert so machen, wie es einem gefällt. Dazu ein Beispiel aus meinem Leben:

Kreativsein ohne Druck

Vor etwa zehn Jahren lebte ich mit einem Freund zusammen, der Fotograf war. Bei diesem Beruf geht es oft mehr um den diplomatischen Umgang mit den abzulichtenden Personen und um die richtigen Motivideen als um die Technik des Fotografierens (obwohl er die auch sehr gut beherrscht). Beim Zusehen meinte ich aber, das könne so schwer nicht sein. Schließlich bekam ich selbst Lust zu fotografieren und spielte ein bißchen mit einer der Kameras meines Freundes herum. Die Motive, die ich gewählt hatte, fand er „überraschend gut". Als er dann nicht viel später aus Versehen an einem Tag doppelt gebucht war und nicht beide Aufträge gleichzeitig erledigen konnte, erzählte er den Redakteurinnen, die für den weniger wichtigeren Job zuständig waren, ich sei seine jahrelange Assistentin und werde die gewünschten Bilder an seiner Stelle fotografieren.

Die „jahrelange Assistentin" kannte zu dieser Zeit noch nicht einmal den genauen Unterschied zwischen der Zeit- und der Blendeneinstellung und verbrauchte in der Aufregung rund dreimal so viele Filme wie an sich nötig. Ich hatte natürlich nicht nur keine Ahnung von der Technik, ich hatte auch keine Ahnung von gängigen Bildkompositionen, davon, wie man seine Motive auswählt und gestaltet, wenn man ein Profi sein will. Also habe ich gemacht, was mir gefiel, und fertig. Ergebnis: Ich bekam daraufhin von dieser Redaktion schlagartig mehrere Fotoaufträge pro Woche. Dabei habe ich dann schließlich Fotografieren gelernt.

Hier gleich noch ein Beispiel: Ich hatte mit meinem Job als freiberufliche Layouterin (Zeitschriftensatz und -gestaltung) zwar schon eine recht angenehme Tätigkeit, aber ich fühlte mich dadurch dennoch nicht ganz erfüllt oder ausgelastet. Eines meiner Hobbys bestand darin, nützliche Informationen zu sammeln und zu verteilen. Das hatte sich in meinem Freundes- und Bekanntenkreis auch schon herumgesprochen, und so wurde ich häufig angerufen und nach allem möglichen gefragt. Es wurde mir jedoch bald zuviel, immer dasselbe zu erzählen, und so entschied ich mich, eine Art Newsletter für Freunde herauszubringen, in dem das Wichtigste von dem drinstand, was ich gerade weiterzugeben hatte.

Mein erster Newsletter hatte bereits 60 DIN A4-Seiten. Ihn zu schreiben hatte mir riesigen Spaß gemacht und brachte mir weitere interessante Informationen ein. Ich war begeistert und fühlte mich angeregt, bereichert und im Fluß. Irgendwann hatte ich wieder genügend Informationen gesammelt, hatte jedoch neben meinen Layoutaufträgen keine Zeit, mich so richtig um eine neue Ausgabe zu kümmern. Also bestellte ich mir beim Universum Zeit. Mit Entsetzen stellte ich aber fest, daß das Universum mir etwas "übertrieben viel Zeit" schickte. Die Aufträge bei den Kunden liefen entweder aus, die Hefte, die ich layoutet hatte, wurden eingestellt und ähnliches. Alles auf einmal. Ich war schlagartig arbeitslos.

Wenn ich nicht gewußt hätte, daß ich mir gerade erst Zeit bestellt hatte, hätte ich mir ernsthafte Sorgen gemacht. So übte ich mich im Urvertrauen, versandte fünf Blindbewerbungen nach Gefühl und machte mich an meinen zweiten Newsletter. Ich brauchte rund sechs Wochen dafür. Zwei Tage, nachdem ich fertig geworden war, rief eine der Firmen an, bei denen ich mich blind beworben hatte, und ab dem Folgetag hatte ich wieder Arbeit.

Leider fehlte es mir nun am Geld, um die neue Ausgabe meines Newsletters drucken zu lassen. Ich sprach ein ernstes Wort mit dem Universum. Mir Zeit zu geben und mich das Heft machen lassen, das hatte geklappt. Wie wäre es denn nun mit einem Verlag, der Druck und Vertrieb übernehmen würde? Und siehe da: Bereits eine Woche später bot sich für diese Arbeitsbereiche jemand an.

Immer noch war und ist das Heft natürlich nur ein Hobby. Und weil es mein Hobby ist, muß ich gar nichts dabei.

So kümmere ich mich auch nicht um die üblichen Standardvorschriften, die an professionelle Magazine gestellt werden, wie ein einheitliches Layout, bestimmte Textlängen, Bildervielfalt, regelmäßiges Erscheinen etc., und Anzeigen nehme ich in meine Zeitschrift schon gar nicht auf. Das Inhaltsverzeichnis befindet sich auf der Rückseite und so weiter und so fort. All das dürfte man sich als Profi auf keinen Fall leisten.

WAS aber in dem Heft steckt, sind viele Informationen und praktische Tips aus allen möglichen Bereichen, die meines Wissens kaum bekannt sind und die das Leben leichter und einfacher machen, sowie Erfahrungsberichte zu Themen, die mich gerade persönlich beschäftigen. Es gefällt nicht immer jedem jede meiner Ausgaben, manche fühlen sich nur von einzelnen Artikeln angesprochen, aber unsere Abozahlen steigen kontinuierlich – und zwar nur durch Mund-zu-Mund-Propaganda. Nach dem zweiten Heft hatten wir sage und schreibe 100 Abonnenten. Nummer 3 wurde 1500 Mal gedruckt – und brachte 500 Abonnenten. Jeder Dritte hat abonniert. Das ist sensationell. Und so ging es weiter.

Daß es nach wie vor kein festes Erscheinungsdatum gibt (ein- bis zweimal im Jahr) scheint auch niemanden zu stören. Die Zeitschrift enthält auch noch immer keine Werbung, weil mir das besser gefällt. Punkt. Es ist ein schrulliges Heft ohne jedes Konzept – und doch lesen es die Leute. Mittlerweile verdienen wir sogar Geld damit. Und aus der Zeitschrift heraus sind meine beiden ersten Bücher entstanden, die sich beide als Renner erwiesen haben.

Das meine ich mit den Samen der Lebensfreude, aus denen Bäume mit ungeahnten Früchten erwachsen können, einfach weil sie die Kraft und Freude in sich tragen.

Das schönste daran ist ja: Es wäre mir völlig egal gewesen, wenn das Heft immer nur ein Hobby geblieben wäre, das sich gerade so selbst trägt. Es macht mir so viel Spaß und Freude, vermittelt mir so viele spannende Kontakte und Informationen, daß mir dies allein als reiner Selbstzweck genügt hätte. Hauptsache, ich konnte es mir leisten. Das Risiko bei diesem Arbeitseinsatz betrug somit absolut Null. Ich konnte nur gewinnen, und ich habe mehr geerntet, als ich mir je hätte träumen lassen.

Intuition als Frühwarnsystem

Kommen wir zurück zu den eingangs in diesem Kapitel gestellten Fragen: Wieviel Anstrengung ist nötig, um beruflich erfolgreich zu sein?

Je mehr Spaß du bei etwas hast, desto weniger empfindest du es als Anstrengung. Du hast es selbst in der Hand, alles, was du tust, so zu gestalten, daß es mehr Freude macht. Und das zahlt sich vielfach aus, denn was du säst, wirst du ernten. Du hast die Wahl, ob du nur kraftlose und lustlose, graue Samen oder kraftvolle, freudige, bunte Samen säen willst.

Wie verhält es sich aber beispielsweise mit den viel gerühmten Tugenden Geduld und Ausdauer? „Steter Tropfen höhlt den Stein", weiß der Volksmund. Das ist zwar wahr, gilt aber nur, wenn du den „richtigen Stein" bearbeitest. Mit Geduld und Ausdauer daran zu arbeiten, den richtigen Weg für sich zu finden, ist sicherlich lohnenswert. Aber möchtest du wirklich mit viel Aufwand und nur mäßigem Erfolg deine Unfähigkeiten trainieren, statt deine Fähigkeiten zu nutzen?

Hier zwei weitere oft zitierte Thesen: „Der Unterschied zwischen einem erfolglosen und einem erfolgreichen Menschen ist der, daß der erfolgreiche mehr Mißerfolge hat – weil er es öfter versucht." Und: „Gib niemals auf, probiere so lange, bis es klappt."

Diese beiden Lebensweisheiten klingen so schlau und sind doch so falsch – meistens. Frag' doch mal die erfolgreichen Leute, wann denn bei ihnen der Durchbruch kam und wodurch? Vielleicht werden viele Menschen durch ihre Mißerfolge erst dazu angetrieben herauszufinden, was ihnen wirklich liegt. Aber wer so richtig im Fluß ist und sich selbst lebt, wird feststellen, daß die Mißerfolge immer weniger werden, weil die Intuition als Frühwarnsystem immer besser funktioniert.

Ständige Mißerfolge und kontinuierliche Hindernisse sind meines Erachtens die Art des Lebens, uns mitzuteilen, daß es einen besseren Weg gibt. Wenn etwas richtig ist, muß es leicht gehen und Spaß machen. Dann entsprechen die Tiefs höchstens notwendigen Reinigungs- und Erneuerungsphasen, doch wenn sie chronisch werden, läuft etwas falsch.

Vielleicht hätten die Leute, die erst nach zahlreichen Mißerfolgen den Durchbruch erlebten, ihren Erfolg bereits früher erzielen können, wenn sie früher auch nach den Gründen in ihrem Inneren und nicht nur nach denen im Außen gesucht hätten, wenn sie sich eher am eigenen Wohlgefühl und der eigenen Intuition als an Lehrbüchern und irgendwelchen Standardvorgaben orientiert hätten. (Auch Lehrbücher vermitteln mitunter tolle Inspirationen, aber man darf nie vergessen, daß man seinen individuellen Weg trotzdem selbst finden muß.)

Was ist mit dem Satz: „Wer zu spät kommt, den bestraft das Leben." Heißt das, man muß sich stets beeilen, damit man möglicher Konkurrenz zuvorkommt?

Ja und nein. Natürlich ist einmal gemacht mehr als dreimal nur darüber geredet. Und Probleme sind ja dazu da, gelöst zu werden, und nicht, um nur darüber zu diskutieren. Wer zuviel Zeit unfruchtbar vertut, kann die besten Chancen verpassen. Wer in Trägheit und passiver Antriebslosigkeit verharrt, der braucht vielleicht Weisheiten wie die obenstehende.

Andererseits spart man mit Hektik und Eile niemals Zeit. „In der Ruhe liegt die Kraft" und „Alles zu seiner Zeit" sind Wahrheiten, die noch immer gelten. Nur du allein kannst überprüfen, was gerade auf dich zutrifft: Willst du zuviel auf einmal und brauchst mehr Gelassenheit und Vertrauen in den richtigen Zeitpunkt, den du aus einem fröhlichen, wachen Bewußtsein heraus sicherlich erkennen wirst? Oder hängst du träge beim Tratschen und Ratschen rum und kommst nicht in die Gänge? – Was für den einen Gift ist, ist für den anderen ein Heilmittel. Ob du mehr oder weniger Tempo im Leben brauchst, kannst nur du in ehrlicher Selbsterkundung herausfinden.

Hier noch so eine These: „Wer trotz aller Rückschläge zäh durchhält und dennoch nicht vorankommt, bei dem sind entweder die anderen oder die äußeren Umstände schuld." Macht man es sich damit nicht einerseits zu leicht und verpaßt andererseits die Leichtigkeit?!

Zähigkeit hat auch was. Wenn man sich selbst, die Welt und sein Unterbewußtsein beharrlich davon überzeugt, daß man nicht aufzugeben gedenkt, dann wird diese Einstellung früher oder später zu der Gewißheit: „Ich weiß, ich kann einen Weg finden, und ich werde ihn finden..."

Wunderbar, aber warum bei Rückschlägen nur den Verstand um Rat fragen, wenn doch das Unterbewußtsein tausendmal mehr weiß? Der Verstand kann circa sieben Eindrücke pro Sekunde verarbeiten, das Unterbewußtsein schafft 10.000 pro Sekunde. Kein Wunder, wenn die Intuition oft so viel mehr weiß. Der Verstand ist ein guter Diener, aber ein schlechter Herrscher. Geh' deshalb deine Karriere ganzheitlich an, und sieh dich sowohl außen wie innen nach neuen Möglichkeiten, Gründen und Lösungen um.

Der Zugang zur Intuition ergibt sich am besten über spielerische Leichtigkeit, Freude und kreativen Selbstausdruck. Man macht es sich daher unnötig schwer, wenn man zu seinen Entscheidungsfindungen nur analytische Auswertungen des Verstandes heranzieht. Befrage auch dein Wohlgefühl und sieh nach, wohin es dich führen will.

Wann immer du das Gefühl hast, dich mit harter Disziplin zu etwas dringend Notwendigem zwingen zu müssen, sieh nach, ob du nicht doch ein wenig netter zu dir selbst sein kannst. Trainiere dich darauf, die Dinge gut und trotzdem mit Leichtigkeit zu tun. Wenn du nach solchen Lösungen suchst, wirst du sie auch immer öfter finden.

Lerne mit allen Faktoren zu jonglieren. Schließe nichts aus, sondern alles ein, und finde deinen persönlichen Weg. Je näher du dran bist, desto mehr läßt die Anstrengung nach. Frage Menschen, die so leben, wie du es dir in deinen kühnsten Träumen wünschst, wie sie es machen und wieviele Anstrengungen an welcher Stelle für sie nötig waren. War die größte Anstrengung die, zu sich selbst zu finden, oder war es das Durchhalten bei Unannehmlichkeiten?

Spiele öfter mit deinen Möglichkeiten und Ideen und laß sie nicht einfach brachliegen. **Denn vor den Erfolg haben die Götter den Spaß an der Arbeit gesetzt.**

9   Die Bewältigung von Krisen

Was tun, wenn man als Selbständiger in die Bredouille gerät und Schiffbruch zu erleiden droht? Ich habe dazu eine Reihe von erfahrenen Geschäftsleuten befragt und wie zu erwarten sehr bunte Antworten erhalten.

Im Falle eines drohenden Konkurses rieten einige, man solle sich zuerst von allem Druck befreien, um wieder klar denken zu können. Vor der eidesstattlichen Erklärung sei sie das Schlimmste, was kommen könnte, und danach liefere sie mitunter den Freiraum, völlig unbelastet über die Lage nachzudenken und ohne jeden Druck mit etwas völlig Neuem anzufangen.

Manch einer startet wieder komplett durch, sobald er nichts mehr muß. Auf einmal kommt eine völlig neue Idee, man hat wieder Zeit, keine Fixkosten mehr und kann sich den Luxus gönnen herauszufinden, auf was man wirklich Lust hat. Wer diese Situation nicht als gesellschaftliche Blamage, sondern als Freiraum und neue Chance sieht, der kann nach einiger Zeit vielleicht sogar die alten Schulden abbezahlen und hat aus den vergangenen Fehlern einfach nur gelernt. Und Phönix steigt ein wenig weiser aus der Asche als zuvor.

Beispielsweise traf ich mal einen ehemaligen Unternehmer, der seinerzeit in Konkurs gegangen und eine Zeitlang völlig am Boden zerstört war. Irgendwann gelang es ihm wieder, ein winzig kleines Lädchen anzumieten. Der Laden war wirklich superklein, da er sich kaum Geld für

Waren zusammenleihen konnte. Im eigentlich als Lagerraum vorgesehenen hinteren Teil des Geschäfts hatte er seine privaten Habseligkeiten und eine Matratze untergebracht, und da wohnte er.

Ich traf ihn drei Jahre später, nachdem er mir schriftlich seinen Umzug in ein größeres Geschäft und eine richtige Wohnung mitgeteilt hatte. Nachdem inzwischen weitere zwei Jahre vergangen sind, besitzt er schon wieder zwei Läden, und die Schulden sind fast abbezahlt. Von der Verantwortung und dem Risiko mit einem größeren Unternehmen will er nie wieder etwas wissen, und egal wie gut seine beiden jetzigen Läden gehen – ein dritter soll nicht hinzukommen. Diesmal will er es ruhiger und stabiler angehen und auch dabei belassen. Phönix entstieg weiser der Asche, wie schon angekündigt.

Grundsätzlich gilt in Deutschland eine Pleite noch als Blamage. In Japan wird von einem Unternehmer, der in Konkurs gegangenen ist, angeblich gar der Freitod erwartet. Und in den USA? Da schreibt man die Pleite ganz gemütlich in den Lebenslauf, und man wird gerne angestellt, da der zukünftige Arbeitgeber davon ausgeht, daß man nach den gemachten Erfahrungen fleißig und weise geworden ist. Die Mentalität des Landes, in dem man sich gerade aufhält, enthält auch hier mal wieder nicht die einzig mögliche Sichtweise der Dinge. Vom Freitod bis zur Verbesserung der Position ist weltweit gesehen alles drin.

Wenn man daher als Unternehmer oder Selbständiger kurz vor seinem Konkurs noch meint, man MUSS das große Haus behalten, auch wenn man es sich nicht mehr leisten kann, man MUSS alle Fixkosten beibehalten, aber es kommt nicht genügend nach, dann ist für manch einen dieser selbsterzeugte Druck viel zu hoch, als daß noch eine zugkräftige Idee den Weg ins Tagesbewußtsein finden könnte. Ein Ablassen des Drucks durch „Aufgeben" kann dann Erleichterung bringen.

Einige der Interviewten rieten allerdings zum vollkommenen Gegenteil: WISSEN, daß man es wieder schafft und sich nicht beirren lassen. Mit Vehemenz im Universum reklamieren und „reinpowern", da, wo man vom Bauchgefühl hingeleitet werde. Wenn alles nichts nutze, könne man immer noch Konkurs anmelden – aber erst als allerletzte Konsequenz, so der Rat dieser Powermanager.

Es soll allerdings auch Leute geben, die erst kurz vor dem Bodenanschlag kreativ und aktiv werden und diese Situation vorübergehend geradezu brauchen. Das Genie steckt in jedem, und jedes Genie hat seinen ganz individuellen Weg zu einem erfüllten Leben.

Sehen wir uns doch im folgenden mal einen konkreten Fall an, wie jemand mit der Aussicht einer drohenden Millionenpleite umgegangen ist. Er zeigt recht deutlich, daß wie oft alles eine Frage der Einstellung ist.

Die Macht der Gedanken

Raphael war gerade erst 22 Jahre alt, als er sich mit seinem Bruder zusammen selbständig machte. In diesem Alter fehlte es ihm vorwiegend an Lebenserfahrung und an Vertrauen in seine positiven Kräfte.

Der Grund, sich in so jungen Jahren selbständig zu machen, war vorwiegend der erhoffte Verdienst gewesen, der für ihn damals ganz im Vordergrund stand. Heute, zwölf Jahre später, steht nach den gemachten Erfahrungen für ihn fest: Geld darf niemals der Mittelpunkt des Lebens sein. Es sei denn, man wollte sich nachhaltig unglücklich machen.

Zunächst verkauften die Brüder Doppelglasfenster, dann boten sie Flachdachsanierungen an, und schließlich gründeten sie ein Franchiseunternehmen und vertrieben mit 17 Partnern Bodenbeschichtungssysteme. Das hört sich zunächst recht erfolgreich an, doch dahinter standen sieben Jahre täglicher Kampf und zig Tiefpunkte. Raphael wollte um jeden Preis erfolgreich sein und kämpfte wie ein Wilder. Da das Ziel des Erfolgs so schwer zu erreichen schien, hegte er tausend Ängste und Befürchtungen, was alles passieren und schiefgehen könnte. Er sah die Katastrophen im Geiste immer schon kommen – und meistens behielt er recht.

Eine seiner hartnäckigsten Befürchtungen betraf das Material der Bodenbeschichtungen für Steinteppiche, wie sie häufig in Autohäusern ausliegen. Da Raphael und sein Bruder es nicht selbst herstellen konnten, sondern bei einem Lieferanten einkaufen mußten, schien ihm dies ein Unsicherheitsfaktor zu sein. Ihm lagen zwar seitens des Herstellers allerlei Qualitätszeugnisse für dieses Material und die Zusicherung vor, daß es sowohl für innen als auch für außen geeignet sei, aber dennoch befürchtete Raphael nachts im Bett häufig, es könnte irgendwann Probleme mit dem Material geben. Und eines Tages traf genau das auch ein.

Wie sich herausstellte, wurde das Bindemittel der Bodenbeschichtungen in Innenräumen gelb. An der freien Luft wurde es – noch schlimmer – durch die UV-Bestrahlung weiß, zerbröselte und löste sich auf. Im Betrieb der beiden Brüder regnete, ja hagelte es Reklamationen von ihren Kunden. Es war, als hätte Raphael durch seine beständigen Befürchtungen genau diese Situation heraufbeschworen und damit letztlich selbst kreiert.

Skeptiker, denen ich den Fall geschildert habe, hatten

allerdings mindestens hundert Gründe anzuführen, weshalb die Situation nichts mit Herbeifürchten und somit mit negativer Gedankenkraft zu tun haben könne. Erstens hätten die Brüder vielleicht die Zeugnisse nicht genau genug geprüft; zweitens wären sie vielleicht zu jung und unerfahren gewesen; drittens hätte es vielleicht Anzeichen gegeben, die Raphael vordergründig übersehen, insgeheim aber doch wahrgenommen hätte, weshalb sie sich in nächtliche Befürchtungen verwandelt hätten; viertens und fünftens und so weiter und so fort.

Der Versuchsleitereffekt

Wer sich auf geistige Kräfte einläßt, sollte sich dessen bewußt sein, daß es meistens viel mehr Gründe dagegen gibt, als dafür. Nur derjenige, dem sie live am eigenen Leib begegnet sind, weiß, daß alle Begründungen dagegen und alle Beweise nichts nutzen, denn es gibt sie am Ende doch.

Selbst die Universitäten haben dies weltweit unter „Murren und Knurren" schon vor längerer Zeit anerkennen müssen. Das läßt sich an den international geforderten Bedingungen für Versuchsabläufe erkennen. So darf bei vielen Experimenten der Versuchsleiter selbst nicht anwesend sein. Die Aufsicht muß statt dessen eine dem Experiment gegenüber möglichst neutrale Person führen, in der Regel werden die Versuche sogar rechnergesteuert durchgeführt. Der Versuchsleiter wird erst anschließend bei der Auswertung wieder miteinbezogen, da man herausgefunden hat, daß seine Erwartungshaltung ansonsten das Ergebnis beeinflußt.

Ganz ähnlich ist es in der Medizin. Auch hier ist es ein gefordertes, selbstverständliches Kriterium für die Seriosität einer wissenschaftlichen Studie, zur Vermeidung eines Placebo-Effekts sogenannte Doppelblindversuche durchzuführen. Dieser Placebo-Effekt, der durch die Doppelblindversuche vermieden werden soll, ist jedoch nichts anderes als die Macht der Psyche, des Geistes und des Bewußtseins im Hinblick auf physikalische Effekte. Das heißt, es wird ganz offiziell davon ausgegangen, daß diese Macht der Psyche und des Geistes existiert und einen deutlichen Einfluß ausüben kann. Das Ergebnis einer wissenschaftlichen Arbeit gilt nur dann als seriös, wenn dieser Faktor so weit wie möglich ausgeschlossen ist.

Ohne sich dessen bewußt zu sein, verhält sich die Wissenschaft in diesen beiden Punkten (Versuchsleitereffekt und Doppelblindversuche) hochspirituell, denn sie geht ja selbst davon aus, daß beispielsweise die geistigen Kräfte des Leiters des Experiments unterbewußt ganze Horden von Versuchspersonen in eine bestimmte Richtung beeinflussen können.

Wer die Wirksamkeit der Gedankenkraft selbst erproben möchte, der sollte sich daher auf das Experiment einlassen, sich zumindest für eine kurze „Versuchszeit" einmal nicht nur vom Verstand leiten zu lassen. Der Verstand ist ein guter Diener, aber ein schlechter Herrscher. So mancher exzellente Rhetoriker und theoretische Wissenschaftler kann einem weniger akademisch gebildeten Menschen mit Leichtigkeit argumentativ „unwiderlegbar" beweisen, daß eine weiße Wand schwarz ist. Doch wenn man nach all den überzeugenden Reden und vielen Begründungen einfach nur die Augen öffnet, dann erstrahlt die angeblich schwarze Wand mitunter trotzdem in schlichtem Weiß.

Gute Argumente sind nicht alles, und darum ist es wichtig, die Intuition als Wegweiser durch den Dschungel verschiedener Meinungen miteinzusetzen. Die geistige Kraft zu erproben heißt, den Verstand als Diener zu benutzen und der Intuition die Herrschaft zu überlassen. Wer dies lange nicht getan hat, muß üben, den Verstand dazu benutzen und der Intuition zunächst nur in solchen Situationen nachgeben, die ein mehr oder minder geringes Risiko bergen.

Ein Beispiel: Wenn der Verstand bei zwei fast gleichwertig erscheinenden Angeboten für das eine plädiert, das „Bauchgefühl" aber ganz eindeutig für das andere Angebot, dann sollte man unbedingt dem Bauch folgen. Rät allerdings die Intuition zu einem Angebot, das der Verstand als extrem riskant einordnet, dann sollte man davon so lange absehen, bis man wirklich einen guten Draht zu seiner Intuition hat und man Illusionen und Phantasien einigermaßen von Eingebungen unterscheiden kann. Das mag bei manchen Menschen zeitlebens schwierig bleiben, aber die innere Sicherheit steigt im Lauf der Jahre oder auch nur Monate bei jedem um ein Vielfaches. Und jeder Erfolg macht einen irren Spaß und bestärkt einen darin, auf diesem Weg weiterzugehen.

Das hört sich vielleicht für den einen oder anderen zunächst nach einer schwierigen Gratwanderung an, aber sie ist leichter als man denkt. Das Leben ist an glücklichen, friedliebenden und die Natur achtenden Menschen interessiert und unterstützt daher jeden, der einen Weg im Einklang mit der inneren Stimme und Intuition geht. Denn dies ist auch der Weg, der zu einem erfüllenden Lebensgefühl und zu Harmonie mit der Umwelt und den Mitmenschen führt.

Ausweg aus der Millionenpleite

Im Beispiel von Raphael zeigt sich der „Versuchsleitereinfluß" zum einen daran, daß er und sein Bruder überhaupt an diesen Lieferanten geraten waren. Denn Raphael hatte ja schon jahrelang die schlimmsten Befürchtungen hinsichtlich seines Geschäfts gehegt. Mit einer anderen inneren Einstellung hätte er auch einen zuverlässigeren Lieferanten finden können. Eine weitere „Eingriffsstelle für geistige Kräfte" ist der Zeitraum, nach dem die meisten Schäden auftraten. Nämlich meist erst nach etwas mehr als einem halben Jahr. Die gesetzlich vorgeschriebene Produkthaftung von Materiallieferanten gilt jedoch immer nur genau sechs Monate, und somit hafteten in diesem Fall Raphael und sein Bruder. Die Schäden traten allesamt ein paar Wochen zu spät auf. Bei einer grundsätzlich positiven Erwartungshaltung wären die Mängel vielleicht um die entscheidenden Wochen früher deutlich geworden.

Die beiden Brüder hatten zwar auch eine Produkthaftpflichtversicherung, doch die weigerte sich zu zahlen. Und so klagten zunächst alle gegen Raphael und seinen Bruder. Auch die besten Anwälte wußten keinen anderen Rat, als aufzugeben und Bankrott anzumelden oder ins Ausland zu flüchten.

Raphael gefiel beides nicht. Er hatte schließlich sein Bestes gegeben und es immer richtig machen wollen. Dafür wollte er nun eine Lösung, die für alle in Ordnung war und bei der er leben konnte, wo und wie er wollte. Als er bei einer Schadenssumme von über zwei Millionen angelangt war, führte ihn sein Weg schließlich zu dem Therapeuten Bodo Deletz (das ist der Autor von *Mary*, siehe Anhang). Der machte ein Spiel mit ihm. Obwohl

Raphael sich in einer rundum schrecklichen Depression befand, fragte er ihn nach einer der Situationen, in denen er besonders glücklich gewesen sei. „Auf der Skipiste in einer wunderschönen Umgebung bei Sonnenschein", war Raphaels Antwort.

„Stell' dir doch mal vor, du wärst jetzt dort", meinte Bodo. „Stell' dir die Sonne vor, den Schnee, wie du den Hang hinuntergleitest, vielleicht noch mit toller Musik in den Ohren..."

Es dauerte gar nicht lange, da überkam Raphael ein Glücksgefühl, als wäre er gerade in diesem Moment auf der Skipiste. Das Gefühl breitete sich immer mehr aus, je genauer er sich die Situation ausmalte. Das überraschte ihn sehr, denn die tatsächliche äußere Situation hatte sich ja in Wirklichkeit gar nicht verändert. Er hätte gar nicht für möglich gehalten, daß er, egal mit welchem Trick, überhaupt so leicht aus seiner depressiven Stimmung herauszuholen gewesen wäre.

Er ging dann mit Bodo zusammen seine Stimmungen, Gedanken und Ängste der letzten Jahre durch und erkannte für sich, wie genau letztlich alles eingetroffen war, was er sich in Gedanken ausgemalt und über Jahre hinweg befürchtet hatte. Anscheinend waren es nie die gelegentlichen Einzelbefürchtungen gewesen, die sich verwirklicht hatten, sondern nur die Dinge, die er sich jahrelang hartnäckig und in allen Details ausgemalt hatte. Etwas herbeizubefürchten ist offenbar gar nicht so einfach und bedarf anscheinend „jahrelanger, akkurater Vorarbeit".

Wenn er zu irgendeinem früheren Zeitpunkt anders gedacht hätte, dann hätten sich die Dinge so nicht entwickeln können. Auch das wurde ihm klar. Denn dann hätte er die Materialzeugnisse frühzeitig noch einmal überprüft. Vielleicht hätte er auch einen anderen Lieferanten gefunden, bei dem er ein besseres Gefühl gehabt hätte, oder, oder, oder. Die bestehende Situation war nur durch das hartnäckige Befürchten und das Nichtbefolgen der Warnungen der inneren Stimme möglich geworden.

Als Raphael vor mittlerweile drei Jahren bei dieser Sitzung mit Bodo wieder klar wurde, wie genau er offensichtlich das kreiert hatte, was er sich in Gedanken ausgemalt hatte, da erwachte sein Ehrgeiz, und er dachte sich: „Na, wenn ich so ein Genie im Kreieren von negativen Situationen bin, dann müßte das gleiche Prinzip doch auch umgekehrt funktionieren, oder? Das ist ja ganz logisch."

Er hatte die Nase voll davon, durch schmerzhafte Erfahrungen zu gehen oder durch Leiden zu lernen. Er wollte sein Leben endlich selbst gestalten, und zwar so, wie es ihm gefiel. Er wollte sich auch nie wieder bei Katastrophen aller Art den Satz anhören: „Es wird schon für irgend etwas gut gewesen sein".

An diesem Tag hatte Raphael den Eindruck, daß er sich die Situation, in der er sich befand, selbst geschaffen hatte. Und er hatte keineswegs üben müssen, um fähig zu sein, diese negative Situation zu kreieren. Warum also sollte er üben müssen, um eine positive Situation zu kreieren? **Wenn das Erzeugen der eigenen Realität keine besondere, zu erlernende Fähigkeit des Menschen ist, sondern offensichtlich eine angeborene Neigung, dann gibt es auch nichts zu üben. Wir tun es so oder so.**

Mit seiner neuen inneren Einstellung, daß positive Realitätsgestaltung genauso einfach sein muß wie negative, zog Raphael hinaus in die Welt. Und schlagartig änderte sich alles (rein „zufällig" genau dann).

Plötzlich tauchten weitere Prüfzeugnisse des Materiallieferanten auf, die nach Langzeitstudien erstellt worden waren und die zeigten, daß das verwendete Bindemittel doch ungeeignet ist. Der Lieferant hatte diese Zeugnisse absichtlich zurückgehalten, was einem Betrug gleichkommt. Damit war die sechsmonatige Garantiebeschränkung außer Kraft gesetzt, und der Lieferant haftete doch. Seine Produkthaftpflichtversicherung übernahm nun den Schaden. Die Versicherung von Raphael und seinem Bruder wiederum übernahm nun, nachdem es nur noch um einen weit geringeren Betrag ging, sämtliche Gerichtskosten. Einige Kläger stellten auch die Klage ein, weil sie zum einen erkannten, daß die beiden Jungs ja nichts dafür konnten, und weil ihnen zum anderen die Gerichtskosten zu hoch wurden, so daß ein Prozeß sich nicht gelohnt hätte. Von der ursprünglichen Schadenssumme von über zwei Millionen Mark blieben am Ende genau null Mark übrig.

Für Raphael brach damit ein neues Leben an. Nun wollte er nicht mehr nur irgendeinen Beruf haben, sondern einen, der wirklich zu ihm paßte. Der Berufung statt nur dem Beruf galt seine neue Suche. Als er noch mitten in seinem Dilemma steckte, hatte er sich gedacht: „Wenn ich DA wieder rauskomme, dann geht alles. Dann kann ich wirklich meine Realität selbst kreieren." Er WAR wieder rausgekommen und somit „eigentlich" überzeugt, daß alles ging. Trotzdem konnte er sein Glück zunächst gar nicht so recht fassen. Auch daß der gewohnte Kampf mit dem Leben plötzlich aufhören sollte, fiel ihm schwer zu glauben. „Mal sehen, wie lange das anhält", dachte er sich. Nach einem halben Jahr dauerte die positive Phase ohne Ängste und Katastrophen oder tägliche Kämpfe aber immer noch an. Raphael war regelrecht verwundert und wartete fast noch ein bißchen auf die nächste Wellenbewegung nach unten. Aber das Gefühl, daß er Schöpfer seines Lebens ist und daß die Glücksphase anhalten könnte, war stärker. Er kam nie wieder unter eine Art Basiszufriedenheitslinie, und mittlerweile hält die Glücksphase seit drei Jahren an.

Er hat sein früheres Hobby, den Sport, zum Beruf gemacht und kam in der Gründungsphase zu einer Sportmarketingagentur, die inzwischen zur erfolgreichsten ihrer Art in Deutschland avanciert ist. Sein Leben besteht aus dem Organisieren und Besuchen von Sportevents, aus vielen Reisen und viel Spaß mit Menschen, die in allerbester Freizeitlaune sind. Aus der Kampf und Ende der Ängste und Sorgen. An die Stelle der Ängste ist ein Urvertrauen gerückt, das mit jedem weiteren Glücksjahr stärker wird.

Heute, nach drei Jahren pausenloser Glücksfälle, hat sich für Raphael selbst die Vergangenheit geändert. Früher, als das Leben noch ein beständiger Kampf war, fielen ihm bei jedem Gedanken an die Vergangenheit als erstes die negativen Dinge ein, und alles schien schlecht gewesen zu sein. Wenn er sich heute an etwas weiter Zurückliegendes erinnert, dann verblassen „seltsamerweise" die negativen Erinnerungen immer mehr, und er erinnert sich fast nur noch an die positiven Dinge, die er vorher bereits vergessen hatte. Mit seiner heutigen positiven Einstellung werden ganz andere Dinge aus der Vergangenheit wieder in ihm lebendig, und es scheint fast, als wäre schon immer alles überwiegend positiv gewesen.

Die innere Haltung bestimmt also in jedem Fall die Realität. Die Skeptiker werden wahrscheinlich weiterhin darauf beharren, die beiden Brüder hätten zunächst halt „Pech" und zum Schluß einfach „Glück" gehabt. Eine bestechend logische „Erklärung", findet ihr nicht?

Worüber sich spirituell Interessierte und reine Verstandesmenschen NICHT einig sind, ist die Frage, inwieweit man sich seine Realität selbst kreiert und wo die Grenzen sind. Wo sie sind und ob es überhaupt welche gibt, das kann man nur erfahren, wenn man sich auf den Weg gemacht hat, um es höchstpersönlich herauszufinden. Wer das Leben nie nach Wundern fragt, der wird auch keine Wunder erhalten.

Mit dem persönlichen Lebensstrom schwimmen

Raphael sieht ein ganz einfaches Bild vor sich, wenn er sein damaliges Leben mit dem von heute vergleicht. Früher sei er auf seinem persönlichen Lebensstrom (nicht zu verwechseln mit dem Strom der Allgemeinheit, gegen den anzuschwimmen als besonders mutig gilt) ständig mit dem Boot stromaufwärts gepaddelt, weil er sich in ein bestimmtes Ziel verrannt hatte, das in entgegengesetzter Richtung zu dem lag, was für ihn natürlich und harmonisch gewesen wäre. Er mußte deshalb ständig schneller paddeln als der Fluß seines Lebens floß. Wenn er dabei einmal müde wurde, drohte er sich sofort wieder von seinem Ziel zu entfernen – dem hohen Verdienst, der damals das einzige war, was er vor Augen hatte.

In seinem neuen Leben läßt Raphael das Boot *mit* seinem persönlichen Lebensfluß fließen, und er ergreift die Gelegenheiten, die sich auf seinem Weg anbieten und die wirklich zu ihm passen, anstatt mit aller Macht für Dinge zu kämpfen, die weitab von seinem eigentlichen Weg liegen.

Er muß dabei zwar die Gelegenheiten immer noch selbst ergreifen, aber er braucht dafür nichts Anstrengendes mehr zu tun. Und er ergreift nur die Gelegenheiten, die ihm Spaß machen. Auf einmal geschehen die tollsten Dinge von allein. Sie ergeben sich mitten aus einem Leben heraus, das permanent Freude macht. Alles, wofür er früher wild gekämpft hat, kommt jetzt von allein. Auf einmal stimmt der Verdienst, und das auch noch bei einer Tätigkeit wie den Sportveranstaltungen. Das macht ihm so viel Spaß, daß einer seiner Freunde nur immer kopfschüttelnd sagt: „Ich möchte einmal so toll Urlaub machen, wie du arbeitest!"

Apropos Sport: Dabei fällt mir die Geschichte von Uschi, dem Tennisstar, ein, die ich euch im nächsten Kapitel erzählen will. Sie zeigt, daß manchmal auch ein Perspektivenwechsel genügt, um im Umfeld des bisherigen Jobs berufliche Erfüllung und Erfolg zu finden.

10

Eine neue Einstellung
zum alten Job

Die ehemalige Bundesliga-Tennisspielerin und Weltrang-
listenplazierte Uschi Schlipper ist als Trainerin ein Licht-
blick für alle Frustrierten des klassischen Tennisspiels
und eine Überraschung für diejenigen, die nie gedacht
hätten, daß auch Sport ein großer Schritt zur Bewußt-
seinserweiterung und sogar eine Therapieform sein kann.

Uschi spielt Tennis seit ihrem fünften Lebensjahr, inzwischen bereits über 20 Jahre. Nach vielen Jahren in
der Bundesliga hatte sie irgendwann genug davon, „hinter Filzkugeln herzurennen", und sie wollte allen Ernstes
aufhören zu spielen. Ihr damaliger Freund fand das sehr
schade und dachte sich ein ganz besonderes Weihnachts-
geschenk für sie aus. Er schenkte ihr eine 400 Mark teure Trainingsstunde bei dem Tennisstar Franjo Humar, der
unter anderem die damalige Weltranglisten-Vierte trainier-
te. Er mußte auf den üblichen Stundensatz sogar noch
etwas drauflegen, da Humar völlig überlaufen war.

Da Uschi jedoch wild entschlossen war aufzuhören, war
sie regelrecht verärgert über dieses Geschenk. Was soll
ein Mensch, der kein Tennis mehr spielen will, mit einer
Trainingsstunde – egal bei wem, und wenn es Gott persönlich wäre. Hingegangen ist sie aber doch, wenn auch
äußerst lustlos und gelangweilt.

Humar merkte auch gleich, daß Uschi sehr verkrampft
spielte. Er versuchte, sie mit Witzen aufzuheitern, da er
zunächst annahm, sie sei nervös, „mit so einem großen
Star zu spielen". Uschi war jedoch ehrlich und klärte ihn

nach fünf Minuten auf, wie sie an diese Stunde gekommen war und daß sie eigentlich gar keine Lust mehr hatte zu spielen.

„Na, was sollen wir denn nun tun?" fragte Humar. Die Stunde war nun einmal bezahlt, und nur dumm rumstehen hätte weder Sinn noch Spaß gemacht. „Spielen wir halt trotzdem ein bißchen, da wir nun schon einmal hier sind", schlug er vor. Gesagt getan. Uschi blieb mißmutig und prügelte nur so auf die Bälle ein. Nach einer Weile fragte der Trainer sie, ob sie in 20 Jahren nicht anders Tennisspielen gelernt hätte. „Wieso?" wunderte sich Uschi. „So spielt man halt!" „Na ich spiele so nicht", meinte Humar. „Ja, wie denn dann?" wunderte sich Uschi erneut. Sie erhielt daraufhin eine Lektion, als sei sie eine Anfängerin, die gerade ihre erste Tennisstunde nimmt.

Ihre erste Aufgabe bestand darin, nicht einfach auf den Ball einzuprügeln, sondern „jeden Schlag zu spüren". Im ganzen Körper sollte sie wahrnehmen, was geschieht. Zuerst in der Hand. Wie fühlt sich der Schläger in der Hand und die Hand mit dem Schläger an, wenn der Ball auftrifft? Was fühlt sie dabei in den Füßen? Uschi erlebte zum erstenmal eine Art von Tennisspiel, bei dem sich der ganze Körper der Bewegung hingibt. Sie konnte den Ball auf sich zukommen lassen, anstatt ihm hinterherzurennen. Eine völlig neue Sichtweise, die zu einem völlig anderen Spielerlebnis führte.

Zu ihrer großen Überraschung entdeckte Uschi in dieser einen Stunde das Tennisspiel völlig neu. Das, was sie sich nie hätte vorstellen können, war passiert. Sie war wieder neu für eine alte Leidenschaft entflammt.

Franjo Humar war zwar „eigentlich" völlig ausgebucht, aber er hatte noch nie zuvor eine Schülerin gehabt, die sich derart gegen eine Stunde bei ihm gesträubt hatte. Es reizte ihn und stachelte seinen Ehrgeiz an, genau dieser Frau doch noch etwas beizubringen. Der Freund von Uschi war darüber so erfreut, daß er ihr weitere Stunden bei Humar bezahlte.

Für Uschi begann mit diesem Unterricht eine völlig neue Art der Selbstwahrnehmung und gleichzeitig auch ein spirituelles Erwachen. Leider ging nicht viel später die Beziehung zu ihrem Freund in die Brüche, vermutlich genau deshalb. Was tun? Sie wollte weiter Stunden bei Humar nehmen, hatte aber kein Geld.

Humar war wie bereits gesagt völlig ausgebucht. Mehr als 150 Tennistrainer hatten sich bei ihm beworben, die unbedingt für ihn arbeiten wollten. Er bot aber statt dessen Uschi an, als Trainerin für ihn zu arbeiten und im Austausch dafür weitere Stunden bei ihm zu erhalten. „Was, ich als Trainerin?" sträubte sich Frau Schlipper schon wieder. „Ich will keine Trainerin werden! Du hast doch schon 150 Bewerber. Nimm doch einen von denen!" Das wollte er jedoch nicht, und so wurde Uschi ein zweites Mal ungewollt zu ihrem Glück gedrängt.

Da sie nunmal weiterhin Stunden bei Humar haben wollte, versuchte sie es schließlich doch als Trainerin und machte dabei eine weitere Entdeckung. Indem sie andere unterrichtete, lernte sie nicht nur immer mehr über sich selbst, sondern sie begann auch zu fühlen, was im Körper ihrer Schüler vor sich ging. Ab da machte ihr die Sache als Trainerin richtig Spaß, und sie hatte ihre neue Berufung gefunden.

Tennis als Therapie

Nach zehn Jahren Training mit und bei Humar sieht sie heute im Tennis auch eine Möglichkeit zur Therapie. Viele Hochleistungssportler erziehen sich dazu, ihre Emotionen regelrecht zu unterdrücken, und kommen unter hartem Drill nach vorn. Uschi weiß heute, daß es anders viel besser geht. Indem man sich selbst beobachtet und lernt, jede einzelne Bewegung bewußt wahrzunehmen, kann man durch das Tennis (oder andere Sportarten) mit Bewußtsein in seine Mitte kommen und dort immer stabiler werden.

Es ist durchaus möglich, beim Tennisspielen Verhaltensmuster aufzulösen, da Blockaden sich auch im Bewegungsablauf ausdrücken. Übt man die richtigen Bewegungen ein und löst die Blockade im Bewegungsablauf auf, dann lösen sich automatisch auch die Blockaden im täglichen Leben.

Wer mit Bewußtsein Tennis spielt, lernt außerdem, ganz im Hier und Jetzt zu sein. Wenn man mit seinen Gedanken nicht richtig bei der Sache ist, legt man natürlich ein wesentlich schlechteres Spiel hin. Bewußtes Tennisspiel bedeutet, die Sinne zu öffnen und den ganzen Körper zu spüren.

Wer das lernt, wird automatisch die Auswirkungen auf den Alltag spüren. Denn was man auf dem Tennisplatz macht, tut man auch im Alltag. Beispielsweise zu weit vorausplanen. Wer sich im voraus zu viele Sorgen um Doppelfehler beim Tennis macht, bei dem wird der Doppelfehler auch im normalen Leben nicht lange auf sich warten lassen.

Uschi sieht ihren Schülern oft bereits in der ersten Stunde an, wo es bei ihnen hapert. Und zwar nicht nur beim Tennis, sondern im ganzen Leben. Wer Versagensängste hat, spannt oft die Schultern an und dreht sich in der Hüfte, wenn er eigentlich die Schultern bewegen sollte. Berührungsängste im Leben können bewirken, daß die

Schüler den Arm beim Spiel nicht richtig durchschwingen. Die persönlichen Defizite und Blockaden sind sehr individuell und sehr verschieden und drücken sich auch im Spiel recht unterschiedlich aus. Mit geschultem Auge lassen sie sich jedoch schnell erkennen.

Passive Tennisspieler beispielsweise sind meist auch passiv im Leben. Sie trauen sich nicht, sich selbst im Leben richtig auszudrücken, oder stecken vielleicht zu viel hinter dem Partner zurück. Oft spielen sie mit hochgezogenen Schultern oder brechen die Bewegung ab und bremsen sich selbst. Die natürliche Reichweite wird nicht erzielt – im Tennis ebensowenig wie im Leben.

Hausfrauen, die sich zu sehr für den Partner und die Kinder aufopfern, treffen den Ball selten aus ihrer stabilen Mitte heraus. Sie überstrecken statt dessen den Arm und den ganzen Körper. Sie machen zuviel und gehen dem Ball zu weit entgegen – genau wie im Leben.

Es bereitet ihnen zunächst oft Angst, wenn sie länger abwarten und den Ball näher an sich heran lassen sollen. Sie erstarren regelrecht vor Furcht und treffen den Ball nun gar nicht mehr. Sobald aber diese Hausfrauen durch ein paar geschickt angesetzte Übungen entdecken, wieviel Spaß es machen kann, auch mal anzugreifen, und wieviel versteckte Kräfte in ihnen schlummern, ändert sich auch in ihrem Alltag so einiges. Auf einmal ist Schluß mit Aufopfern, und der gesunde Selbstausdruck meldet sich zu Wort.

Das kann ebensogut zur Ehescheidung wie zur Versöhnung führen. Eine von Uschis Schülerinnen hatte beim Tennis gelernt „loszulassen", was zuvor eine ihrer größten Schwierigkeiten war. Ganz nebenbei kam ihr dabei im Alltag die Idee, ihren Mann ebenfalls „loszulassen", oder vielmehr diejenigen seiner Gewohnheiten, mit denen sie nicht klar kam. Sie war vor einiger Zeit bei ihm ausgezogen. Nun aber konnte sie ihren Mann einfach so sein lassen, wie er war, und so zog sie prompt wieder zu ihm zurück, da sie wieder gerne mit ihm verheiratet war.

Managertypen haben oft ganz andere Probleme. Sie spielen sehr hart und knallen nur so auf den Ball drauf. Das klingt zwar bombastisch, die Ergebnisse sind jedoch um so magerer. Es wird zwar mit Wucht auf den Ball draufgehauen, dieser tröpfelt aber bereits an der T-Linie wieder herunter. Entgegen der Annahme der Spieler bekommt der Schlag keine Kraft, und viele sind entsetzt, wenn sie merken, daß sie im Prinzip nur „viel Lärm um nichts" machen.

Mit bloßer Anstrengung allein sind einem beim Tennis ganz schnell Grenzen gesetzt. Je ruhiger und gleichmäßiger die Bewegung ist, desto schneller wird der Ball. Das kann eine irre Selbsterfahrung sein. Der Ball ist dann zwar leise, aber sehr schnell. Dabei fühlt man sich, als würde man mit hinterherfliegen.

Dieser Typus „Ballermanager" muß daher lernen, sensibler zu werden, damit er spürt, was er wirklich tut. Dafür sind Übungen nötig, in denen er mehr Gefühl für sich selbst bekommt. Und wenn so jemand wieder mehr Gefühl für sich selbst hat, bekommt er auch wieder mehr Gefühl für den Ball – und im Büro für andere Menschen. Das Herumbrüllen wird überflüssig. Denn auch im Leben wird mit der erhöhten Lautstärke nur die eigene Ohnmacht übertönt und vertuscht.

Neun von zehn Männern, die zu Uschi in die Trainingsstunde kommen, geben an, sie könnten schon ganz toll Tennisspielen. Und neun von zehn Frauen sagen, sie könnten noch ganz wenig. In der Realität ist es oft genau umgekehrt. Uschi kann inzwischen Wahrheit und Schein ganz gut auseinander halten. Bei den zu bescheidenen Frauen nimmt sie oft nur sechs Bälle mit auf den Platz, weil sie schon weiß, daß die Damen sich gerne unterschätzen. Bei Männern mit der gewissen aufgeblasenen Art nimmt sie die ganze Kiste mit, und das meistens zu recht.

So fühlen sich auf Dauer auch nur Menschen – gleich welchen Geschlechts – bei Uschi wohl, die wirklich Tennis und nicht „Gebüschballsammeln" spielen wollen. Besonders beim klassischen Tennis gibt es viele Männer, die sich nach der Arbeit nur bei irgend etwas auspowern wollen, eigentlich fast egal wie (dieses Phänomen ist bei Frauen weit seltener anzutreffen). Sie wollen viel und weit rennen, um ihre aufgestauten Aggressionen loswerden. Das eigentliche Tennisspiel ist ihnen dabei in Wirklichkeit gar nicht so wichtig.

„Zum Laufen können Sie in den Wald gehen, das hat mit Tennis nichts zu tun", hatte Uschi einst von ihrem Trainer zu hören bekommen. Und so lehrt auch sie heute ein Tennis, bei dem „der Ball zum Spieler kommt" und nicht umgekehrt. Menschen, die sich nur mechanisch abarbeiten wollen, fühlen sich bei Uschi nicht lange wohl.

Wer einmal im Fernsehen einen wirklich guten, spirituellen Tennisspieler der Spitzenklasse beobachten will, sollte sich übrigens ein Spiel mit Michael Chang ansehen, rät Uschi. Er spiele mit überlegener Ruhe und nicht mit kräfteverschleudernder Hektik.

Der Bürohektiker ist ein weiterer häufig vorkommender Typus auf dem Tennisplatz. Aus dem Büro und dem Alltagsstreß direkt zum Tennisplatz rauschen und dort „noch schnell etwas für den Körper tun", lautet die Devise. Solche Menschen mit Worten beruhigen zu wollen hat wenig Sinn. Besonders Worte wie: „Seien Sie doch nicht so hektisch", bewirken allenfalls das Gegenteil. Wenn aber der

Trainer auf tiefen und ruhigen Atem bei sich selbst achtet, sich mit ruhigen Gesten bewegt, ruhig spricht und langsam geht, dann überträgt sich diese Ruhe nach einer Weile auf den Schüler, und dieser kann nun auch mit Konzentration und Bewußtsein spielen.

Ganz im Hier und Jetzt

Generell hat der Schüler keine Chance, Fehler oder unrunde Bewegungen zu machen, wenn der Trainer in seiner Mitte und ganz im Hier und Jetzt ist. Diese Schwingung überträgt sich, und der Trainer denkt für den Schüler quasi mit. Letzterer mag eine gewisse Zeit brauchen, paßt sich aber auf Dauer ganz der Energie seines Lehrers an.

Die Macht der Konzentration im Augenblick wird dabei enorm deutlich. Wer ganz gesammelt im Hier und Jetzt verankert ist, wird auf dem Platz nahezu hellsichtig, denn er spürt aus dem Spielverlauf heraus, wo der Ball hinfliegt. Der Ball kommt auf einen zu, anstatt daß man ihm ständig hinterherläuft. Und so wird das Spiel, das vorher ziemlich anstrengend war, durch Erspüren ganz leicht, und man kann den Ball einfach kommen lassen. An die Stelle von Anspannung treten tiefe Ruhe und Ausgeglichenheit. Bei dieser Art zu spielen hört das Geplapper im Gehirn von ganz alleine auf.

Wenn die Energie stimmt und es Uschi gelingt, sich so richtig auf ihre Schüler einzuschwingen, dann findet ein Match statt, bei dem der Spielpartner die nächste Übung oder den nächsten Schlag erspürt, fast wie bei einer telepathischen Kommunikation. Uschi denkt, und der Schüler führt genau das aus. Es entsteht ein harmonisches Spiel, bei dem nicht nur der Ball, sondern auch entspannende Energien hin- und herfliegen.

Uschi macht keine Persönlichkeitsanalysen und führt auch keine Lebensberatung durch. Aber sie sucht für jeden Schüler ganz individuell die Übungen aus, die ihn selbst erkennen lassen, wie er mit der „Filzkugel" und letztlich auch mit sich selbst im Leben besser umgehen kann. Wenn er lernt, sich selbst zu beobachten, zu spüren und zu fühlen, sich selbst im Hier und Jetzt wahrzunehmen, dann bleibt das nicht ohne Auswirkungen auf den Alltag. Und nur wer sich selbst erkennt, kann letztlich zu einem erfüllten Leben finden.

In Ganztagsseminaren „Tennis und Bewußtsein" kann man diese Art zu spielen auch in Gruppen zu maximal acht Personen erleben. Eine mögliche Übung besteht beispielsweise darin, 20 Minuten zu spielen, ohne darauf zu achten, wo der Ball hingeht und ob man „richtig" spielt. Statt dessen gilt es beim Spiel nur wahrzunehmen, wie die Hand sich dabei anfühlt. Manch einer schafft schon das nicht: „Ich kann doch nicht einfach so den Ball irgendwohin knallen. Ich muß doch richtig treffen. Ich schaffe es nicht, meine Aufmerksamkeit nur in der Hand zu haben."

Eine Frau, der dies nach anfänglichen Schwierigkeiten schließlich doch noch gelang, stellte mit Verwunderung fest, wie sie den Schläger fast in der Hand zerquetschte, so fest hielt sie ihn beim Schlagen umklammert. Das war ihr zuvor nie aufgefallen.

Bei einer anderen Übung soll man 20 Minuten lang beim Spiel nur lauschen. Wie hört es sich an, wenn der Ball auf mich zukommt und wenn er auf den Schläger trifft? Wieder ist es dabei völlig egal, wo der Ball hinfliegt. Bei dieser Übung kommt es nur auf das Hören an.

Uschi wünscht sich für ihre Arbeit, daß sich mehr und mehr Menschen zu ihr trauen, die entweder schon Erfahrung darin haben, den Energiefluß in ihrem Körper wahrzunehmen, oder die bereit sind, damit zu beginnen. Gerade spirituelle Menschen befürchteten oft, Tennis sei zu plump mechanisch, oder sie haben irgendwann aus diesen Gründen die Lust am klassischen Tennis verloren. Hier ist eine Gelegenheit, Tennis als spirituelles Erlebnis neu kennenzulernen.

Uschi spielt und trainiert derzeit im Münchener Tenniscenter Keferloh (Adresse siehe Anhang).

11 Positive Probleme

Kommen wir zurück zur häufig tristen Indoor-Arbeitswelt, die wir bitteschön gern ein wenig bunter und vergnüglicher hätten, und befassen uns noch einmal mit den hier meist besonders gehäuft auftretenden schnöden Problemen.

Dieter, ein sehr erfolgreicher Persönlichkeitstrainer, hat so seine eigene Einstellung dazu: „Ein Pro-blem ist immer positiv", ließ er mich wissen. „Denn wenn es negativ wäre, hieße es ja Contra-blem."

Dieter bestellt auch beim Universum, aber auf seine ganz eigene Weise. In seiner wie ich finde sehr genialen Version sind Pro-bleme positive Herausforderungen, die zur schnelleren Auslieferung des Bestellten beitragen. Ich finde, daß dies meiner Vorstellung keinesfalls widerspricht, sondern sie allenfalls sinnvoll ergänzt. Hier kommt Dieters Geschichte:

Ganz früher war Dieter Handwerker. In jungen Jahren landete er eines Tages auf einem Erfolgsforum, bei dem die Teilnehmer so richtig „hochgepushed" wurden nach dem Motto: „Jeder kann alles und davon so viel er will, also kannst du auch alles."

„Ich war damals so naiv, ich hab' dem Trainer das sofort voll und ganz geglaubt", erinnert sich Dieter. „Heute gelingt mir das so nicht mehr. Ich weiß zuviel! Es ist nicht richtig, daß jeder alles kann, sondern jeder hat ein individuell vollkommenes Potential, das es zu entdecken gilt. Aber damals habe ich „jeder kann alles" geglaubt und in diesem Glauben innerhalb von acht Jahren zweistellige Millionenumsätze erwirtschaftet. Allerdings war ich mit Anfang 20 noch nicht in der Lage, „sparsam" mit dem Geld umzugehen, und so war es bald wieder weg. In Erinnerung an diese Zeit versuche ich heute manchmal, 'auf intelligente Weise naiv zu sein'. Es ist schon toll, daß wir einen Verstand haben, der uns auch mal warnt. Doch wenn wir ihn dazu mißbrauchen, uns selbst zu erklären, was wir alles nicht können und warum, dann ist das nicht wirklich intelligent."

Die Wunschfänger

Inzwischen hat Dieter viele verschiedene Berufe durchlaufen und erkannt, daß es im Universum so etwas wie „Wunschfänger" geben muß. Dabei stellt er sich ein Bild vor, das ähnlich wie die „Bestellungen beim Universum" wunderbar dabei helfen kann, sich auf „intelligente Weise naiv zu stellen":

Diese Wunschfänger sitzen auf den Wolken und fangen mit Schmetterlingsnetzen alle Wünsche der Menschen ein, die klar und stark genug sind, bis hinauf in die Wolken zu schweben. Wenn der Wunschfänger so einen Wunsch eingefangen hat, dann eilt er sofort los und packt das Gewünschte in ein großes Paket mit einer schönen Schleife. Anschließend läuft er damit zum himmlischen Auslieferungsschalter. Die Versandabteilung überprüft das Paket jedoch zuerst auf sein Energieniveau. Beträgt dieses beispielsweise 98 Prozent, das Energieniveau des Menschen, der es bestellt hat, aber nur 95 Prozent, dann kann das Paket leider noch nicht ausgeliefert werden! Denn wenn das Energieniveau nicht übereinstimmt, verpaßt der Kunde den Lieferservice und verfehlt den richtigen Moment für die Zustellung. Er ist dann immer zur falschen Zeit am falschen Ort, und das Paket kann nicht in Empfang genommen werden.

In diesem Fall kümmert sich der Wunschfänger und Packer weiter um das Paket. Er ruft lautstark in die Lagerhalle: „Probleme, Ängste, Sorgen, Hindernisse – alle sofort mal herkommen..." Probleme, Ängste, Sorgen und Hindernisse kommen auch gleich brav gelaufen und werden zu dem betreffenden Kunden auf die Erde geschickt, damit er die Chance bekommt, sein Energielevel zu erhöhen.

Beispielsweise könnte der betreffende Mensch mit einem platten Autoreifen auf der Straße liegenbleiben. Das wäre dann schon das erste Pro-blem, die erste positive Herausforderung. Wenn die Person nun positiv an das Problem herangeht, ganz gelassen bleibt, das ganze als positive Herausforderung erkennt und die Situation gut löst, dann gibt das bereits die erste Punkterhöhung. Das Energieniveau des Bestellers steigt von 95 auf 96 Prozent. Kaum ist der Betreffende dann im Büro angekommen, was dank seines Vertrauens in sein Glück und seine Intuition trotz der Panne auch recht schnell ging, empfängt ihn schon das nächste Hindernis. Ein Pro-blem-Gespräch mit einem leitenden Angestellten. Unser Beispielmensch denkt sich: „Es gibt immer eine Lösung, mit der alle zufrieden sind, und ich vertraue darauf, daß sie sich zeigen wird, wenn ich nur mit der klaren Absicht, diese Lösung zu finden, in das Gespräch hineingehe."

Das ist besonders gelungen, und somit steigt das Energieniveau gleich um weitere zwei Punkte. Und siehe da, die Punktzahl des Paketes ist erreicht, und es kann geliefert werden. Hurra!

„Als ich vor fünf Jahren mein neues Geschäft gestartet

habe, dachte ich mir bei jedem Problem: „Wow, muß da ein großes Paket auf dich warten! Und wirklich, so war es auch. Seit zwei Jahren bin ich nur noch am Auspacken", berichtet Dieter von seinen Erfahrungen.

Vor fünf Jahren gab es mal eine Phase, in der er nicht in der Lage war, die Telefonrechnung zu bezahlen; er konnte nur noch angerufen werden. Das war eindeutig ein Problem. „Pro" bedeutete FÜR ihn. Er hielt also nach einer Lösung Ausschau, die FÜR ihn arbeitete. Schließlich bestellte er sich bei den kosmischen Wunschfängern, die Kunden möchten doch von allein anrufen – und das taten sie auch. „Das war eine tolle Idee. Wir haben das so gelassen. Bei uns rufen immer die Kunden an. Wir brauchen nie hinter denen herzutelefonieren", freut sich Dieter.

Sein Spezi Wolfgang, der mit im Büro sitzt, macht das gleiche. Er senkt im Versicherungsbereich die Kosten, indem er ebenfalls per universeller Bestellung anrufen läßt. Inzwischen ist es so, daß zehn Kunden anrufen, daraus ergeben sich zehn Termine und daraus zehn Abschlüsse. Vorher hat er bei 20 Kunden selbst angerufen, das ergab zehn Gespräche, fünf Termine und einen Abschluß. Was Wolfgang mittlerweile wirklich verkauft, sind Vertrauen, Spaß am Sein und gute Laune. Seine Produkte sind „eigentlich" variabel.

In Dieters „Positiv Factory" helfen er und sein Team aufgrund der vielfältigen, selbst gelebten Erfahrung den Menschen dabei, ihr ganz individuelles, vollkommenes Potential wiederzuentdecken, auf vorhandene Ressourcen zurückzugreifen und verlorengegangene oder auch neue Visionen zu entdecken. Das erste Motto der Firma lautet: „Du brauchst keinen Lehrer, der dich beeinflußt, sondern einen, der dir beibringt, dich nicht mehr beeinflussen zu lassen."

Motto Nummer 2 heißt: „Freue dich über jede Herausforderung (auch Pro-blem genannt). Sie ist ein Zeichen dafür, daß eine große Geschenksendung für dich zur Auslieferung bereitsteht!"

Herausforderungen aller Art liebt auch die Person, die ich euch im nächsten Kapitel vorstellen will.

12 Eine Frau ohne Grenzen

Unternehmerin Edith Holl-Keutner sitzt im Flugzeug und unterhält sich wie meistens nett mit ihrem Sitznachbarn. Irgendwann im Laufe eines längeren Fluges kommt in der Regel die Frage: „Und was machen Sie so beruflich?" „Ich bin Geschäftsführerin und Mitinhaberin eines Unternehmens", sagt Edith. „Ah ja, sicherlich in der Modebranche", rätselt das Gegenüber. „Nein, wir stellen Oberflächensysteme für isolierte Rohrleitungen her", antwortet Edith – und das Gegenüber verfällt in erstauntes Schweigen.

Daß eine Frau wie Edith seit über 30 Jahren ein Unternehmen für Isoliertechnik leitet, ist allerdings noch das wenigste, was es bei ihr zum Staunen gibt. Denn sie nimmt längst nicht jeden als Kunden. Zunächst einmal muß er nämlich den „versteckten Aufnahmetest" bestehen. Das ist allerdings meine Formulierung und nicht die von Edith. Doch mir kommt die hauseigene Werbung, die sich kilometerweit von der marktüblichen Promotion abhebt, ein wenig wie ein Humortest beim Kunden vor. Understatement und Humor sind ganz offensichtlich das Markenzeichen der Firma Sebald-Isosysteme.

Die Firmenbroschüre informiert beispielsweise über den „weltweiten Außendienst", das Foto dazu zeigt einen Mann im Vagabundenlook, der als Anhalter am Straßenrand steht. Auch beim Text unter dem nächsten Bild schaut man erst zweimal hin, bevor man weiß, ob man auch richtig gelesen hat. „Unser Einkauf ist Top-Klasse", lautet nämlich der Slogan unter dem Foto von den zwei Herren, die offenbar gerade dabei sind, eine städtische Müllhalde zu sondieren. Oder: „Unsere Technik – immer vorne weg!" Hier ist von der revolutionären Einfachheit und der unkonventionellen Problemlösung der Haustechnik die Rede, und das Foto zeigt eine junge Dame, die neben einigen anderen überraschenden Werkzeugen eine Schere benutzt, um eine Rollmopsdose zu öffnen.

„Es macht nichts, wenn jemanden unsere Werbung abschreckt. Wer diese Art von Humor nicht versteht, der paßt nicht zu uns als Kunde", verkündet Edith Holl-Keutner fröhlich dazu. Schade allerdings für denjenigen, kann ich da nur sagen. So konform wie die Werbung vieler Unternehmen ist auch deren Verhalten. Oft findet man leichter jemanden, der einem stundenlang erklärt, warum etwas auf keinen Fall möglich ist, als daß derjenige die Angelegenheit in der Hälfte der Zeit einfach erledigt hätte. Die Flexibilität hält sich in vielen Unternehmen ein wenig in Grenzen.

Bei Sebald ist das Verhalten Kunden und Lieferanten gegenüber genauso unbekümmert fröhlich und humorvoll flexibel wie die Werbung – egal, ob es sich um laufende Geschäfte oder eine mal anfallende Reklamation handelt. Wer aus demselben Holz geschnitzt ist, der merkt das der Firmenbroschüre schon an.

Werbeagenturen sind etwas Schönes, und sie produzieren oft regelrecht Kunst. Sie einzusetzen kostet aber auch Zeit und Geld, und oft (nicht immer) spürt man dahinter eher den Geist der Werbeagentur als den des Unternehmens. Wenn Edith für einen Unternehmensbereich einen neuen Werbetext braucht, schließt sie die Tür ihres Büros, setzt sich an den Computer, ruft das entsprechende Programm auf und sagt in Gedanken: „So Universum, jetzt bitte den Text…" Und sie ist sich hundertprozentig sicher, daß ab dem Moment die Ideen nur so aus ihr heraussprudeln und immer ihre ganz persönliche und menschliche Note tragen. Genauso ist es.

Diese Vorgehensweise gehört zu Ediths alltäglichem Arbeitsstil – warum mit viel Aufwand die Dinge alleine tun, wenn man sich vom Universum helfen lassen kann? Edith hat zwei Kinder, eine Firmenwohnung in Regensburg, für die Familie ein Wohnhaus in München, je ein Ferienhäuschen am Garda- und Wörthsee plus eines für die Wintersaison zum Skifahren. Darüber hinaus besitzt sie mit ihrem Mann eine eigene kleine Bar für Freunde mit dem Namen „Highways End". Dann sind da noch die vielen Hobbys, neuerdings gilt ihre Leidenschaft dem Steppen. Edith hat offenbar genug Zeit für alles. Das könnte manchem zu denken geben.

Damit wir uns richtig verstehen: Sie tut durchaus auch noch eine Menge Dinge selbst, sie überläßt nicht alles den himmlischen Kräften. Wenn wichtige Entscheidungen anstehen, holt sie zunächst ganz persönlich alle möglichen Informationen dazu ein. Aber es fängt schon damit an, daß sie meist keine große Mühe hat, die entsprechenden Informationen zu besorgen, denn mit Ediths Form von „intuitiver Magie" hat man alles schneller beisammen. Nachdem sie über alles Bescheid weiß und die meisten Menschen vermuten würden, daß sie nun eine logische und gut durchdachte Entscheidung fällt, ruft sie statt dessen wieder das Universum zu Hilfe und entscheidet dann entsprechend dem Bauch- und Wohlgefühl oder der Eingebung. Das spart Zeit, senkt die Fehlerquote enorm und eröffnet völlig neue Möglichkeiten.

Edith berichtet von einem Beispiel für diese Art neuer Möglichkeiten: Einmal stand ihr ein schwieriges Gespräch mit einem guten Kunden bevor, in dem sie zunächst keine Lösung sehen konnte. Ihr logischer Verstand konnte sich nur vorstellen, daß entweder der Kunde oder sie am Ende des Gesprächs unzufrieden sein würden. Was tun? Ganz klar, warum soll sich das Endliche den Kopf des Unendlichen zerbrechen? So etwas ist eindeutig ein Fall für das Universum.

Edith visualisierte den Ausgang des Gesprächs mit diesem Kunden und malte sich aus, wie er am Schluß sagen würde: „Frau Holl, es hat mich sehr gefreut, daß Sie da waren, kommen Sie doch bald wieder." Wie es dazu kommen könnte, war ihr in dem Moment zwar noch völlig unklar, aber wie gesagt, das war ja nicht ihr Problem, sondern das des Universums... Und so fuhr sie unverdrossen zu ihrem Kunden.

Da die Fahrt länger dauerte, kam sie ziemlich hungrig an und fragte den Kunden, ob sie nicht zuerst etwas essen gehen könnten. Dieser hatte das anscheinend schon vorausgesehen und bereits einen Tisch reserviert. Das Essen und die Gespräche dabei verliefen so angenehm, daß die beiden vier Stunden in dem Lokal „verhockten", ohne das Problem auch nur angesprochen zu haben. Schließlich erinnerte Edith daran, daß es ja auch noch einen geschäftlichen Grund für die Zusammenkunft gab, und so fuhr man zurück ins Büro.

Dort nahmen die Gespräche nach der verlängerten harmonischen Essenspause eine überraschende Wendung. Für alle Probleme wurde eine Lösung gefunden, mit der beide zufrieden waren. Als Edith schließlich abfuhr, schüttelte der Kunde ihr die Hand und sagte: „Frau Holl, es hat mich sehr gefreut, daß Sie da waren, kommen Sie doch bald wieder."

Edith verfährt stets auf diese Weise, wann auch immer ein Problem mit jemandem auftaucht – seien es Mitarbeiter, Kunden oder auch Lieferanten. Sie ist sich einfach sicher, daß es immer eine Lösung gibt, mit der am Schluß alle zufrieden sind, und es verunsichert sie nach ihren jahrelangen Erfahrungen schon lange nicht mehr, wenn diese Lösung ihr zu Beginn eines Gesprächs noch völlig unklar ist. Sie bestellt das Happy-End beim Universum, und in froher Erwartung desselben stellt es sich auch immer ein.

Es würde ihr nie einfallen, sich – wie in manchen Check-listen für Kundengespräche empfohlen – zuvor alle möglichen Einwände ihres Gegenübers vorzustellen, um diese dann bereits im voraus in Gedanken zu entkräften. Dieses ständige Worst-case-Denken zieht das Negative ihrer Meinung nach viel zu sehr an. Sie informiert sich lieber über den Ist-Zustand, stellt sich vor, was sie selbst haben möchte, und bestellt sich dann beim Universum die beste Lösung für alle. Sie sieht vor ihrem geistigen Auge immer das Ende der Gespräche vor sich, an dem alle zufrieden sind.

Mich erinnert das an einen Comic-Zeichner, der mal erklärt hat, wie er erreicht, daß seine Comicfiguren die jeweils gewünschte Emotion ausdrücken. Er überlegt sich nie, wie er ein Gesicht im einzelnen zeichnen könnte, damit es diese oder jene Emotion ausdrückt. Das sei bei etwas differenzierteren Emotionen auch viel zu kompliziert. Er versetze sich vielmehr selbst in das Gefühl, das er darstellen möchte. Ganz auf den gewünschten Ausdruck konzentriert legt er dann einfach los, und alle Figuren, die er zeichnet, drücken genau das aus, was er sich vorgestellt hat.

Ich habe das damals auch ausprobiert und fand es phantastisch. Ich habe zwei wütende Strichmännchen gemalt. Das eine habe ich in einer ruhig gelassenen Stimmung gezeichnet und nur darüber nachgedacht, wie die Augenbrauen, der Mund oder die Bewegung sein müßten, damit es wütend aussieht. Bei der zweiten Version habe ich mir vorgestellt, ich wäre furchtbar wütend auf das Männchen, und so habe ich schon mit Wut und Schwung die Striche zu Papier gebracht – und dementsprechend war das Ergebnis: Männchen Nummer 2 sah richtig stinkwütend aus, die Wut sprang fast aus dem Papier heraus. Figur Nummer 1 hingegen war ein flaues Strichmännchen, das aus seiner Zweidimensionalität nicht herauskam. Es sah zwar irgendwie schlechtgelaunt aus, aber die Wut kam eigentlich nicht spezifisch zum Vorschein und hatte auch keine Kraft.

Edith geht eigentlich ganz ähnlich vor. Sie stellt sich das Endergebnis vor und fühlt sich schon im voraus so, als wäre das gewünschte Ergebnis bereits eingetreten. Sie vertraut darauf, daß das Universum ihr das liefert, was sie bestellt, und diese Erwartungshaltung kreiert ihre Realität.

Ein anderes Mal hatte ein wichtiger Mitarbeiter in der Hauptsaison vier Wochen Urlaub am Stück genommen, und Edith hatte leichte Bedenken, wie die Arbeit ohne ihn zu bewältigen sein würde. Aber ihr kam auch hierbei die rettende Idee. Sie bestellte beim Universum einfach „viel Umsatz, aber fast nur mit Standardprodukten und wenig Extras". Die „Lieferung" erfolgte genau so, und es gab keine Probleme, trotz der fehlenden Hauptkraft.

Wie Edith allerdings auch berichtet, muß sie das mit den Bestellungen beim Universum im Kleinen immer wieder üben, damit ihr diese innere Sicherheit erhalten bleibt. Wir leben schließlich in einer Welt, in der der inneren Stimme nicht viel Wert beigemessen wird, und man muß am Ball bleiben, wenn man sich bewußt seine eigene Realität kreieren möchte.

Neulich im Wochenendhaus am Gardasee beispielsweise fing ihr Mann nachts zu schnarchen an. Das war ein Fall für so eine Kleinbestellung, denn Edith konnte nicht einschlafen und ließ daher den kosmischen Bestellservice wissen: „Hallo Universum, es gibt jetzt zwei Möglichkeiten. Entweder du sorgst dafür, daß Frank aufhört zu schnarchen oder dafür, daß ich trotzdem sofort einschlafe. Such' dir die Lösung aus, die dir besser gefällt..." Das Universum entschied sich für letzteres, denn zwei Minuten später schlief Edith ein, als gäbe es kein Schnarchen im Raum.

Sie sagt zwar, sie bestelle in solch alltäglichen Fällen nur Dinge, die sie gerade noch so selber glauben könne. Aber ich muß sagen, ihr Vertrauen in die Kräfte des Universums sind schier grenzenlos. Sie traut sich Sachen, die ich im Traum nicht für möglich halten würde. Aber wahrscheinlich würden umgekehrt einige der Dinge, die ich so bestelle, Ediths Vertrauen übersteigen.

Phänomenale Bestellauslieferungen vom Universum

Die Sache mit den Schuhen und die mit dem Französisch hätte *ich* mich jedenfalls nicht getraut. Fangen wir mit den Schuhen an:

Edith ging in einen Schuhladen und entdeckte dort ein Paar Pumps, das ihr gefiel. Sie bat den Verkäufer, ihr diese in ihrer Größe herauszusuchen, und selbiger ging im Lager nachsehen. Er kam aber mir der Nachricht wieder, die Schuhe seien in ihrer Größe ausverkauft. Was tut Edith? Sie jagte in Gedanken eine Bestellung an den kosmischen Bestellservice los: „Universum, ich bestelle hiermit, daß er meine Größe doch da hat!" und sagte laut:

„Sehen Sie doch bitte noch einmal nach. Ich bin mir ganz sicher, daß Sie die Größe doch da haben."

Der Verkäufer schaute ein wenig irritiert drein, aber was tut man nicht alles für die lieben Kunden. Und so zog er noch einmal von dannen und kam schließlich, selbst überrascht, mit einem Karton in den Händen wieder: „Sie hatten recht, es war doch noch ein Paar in Ihrer Größe da."

Wer nun meint, Edith wäre damit zufrieden nach Hause gegangen, der irrt. Sie durchforstete nämlich die Schuhregale weiter und fand ein zweites Paar, das ihr gefiel. Wieder marschierte der Verkäufer ins Lager und sah diesmal gleich genau nach, damit diese eigenwillige Dame ihn nicht wieder zweimal schickte. Er kam zurück mit der Botschaft: „Es tut mir leid, aber von diesem Paar haben wir Ihre Größe wirklich nicht mehr da. Es gibt den Schuh nur noch in zwei Nummern kleiner."

Keiner wird erraten, was Edith diesmal bestellt hat: „Liebes Universum, ich hätte gerne, daß der Schuh, den er da hat, mir paßt, egal welche Größe dransteht." Und sie ließ sich den Schuh in zwei Nummern kleiner bringen. Edith ist ein Phänomen. Der Schuh paßte. Scheinbar war er falsch ausgezeichnet worden. Und so ging sie mit zwei Paar neuen Schuhen nach Hause.

Ihr treuherziger Kommentar dazu: „Weißt du, jeder hat mal Momente, in denen er an der universellen Kraft zweifelt. Deswegen brauche ich immer solche kleinen Dinge, dadurch werde ich mutiger." Es waren zwar nur zwei Paar Schuhe, aber *ich* hätte daran nicht mehr glauben können. Zwei anscheinend nicht vorhandene Schuhe mit sofortiger Auslieferung zu bestellen käme mir ähnlich schwierig vor, wie sie gleich aus der hohlen Hand aus dem Nichts zu materialisieren. Man sieht daran mal wieder, daß die Grenzen immer nur in unseren Köpfen existieren.

Genauso wenig wie die Sache mit den Schuhen könnte ich mir vorstellen, die Geschichte aus Frankreich nachzumachen: Edith war als Rednerin auf den „Zweiten Weltkongreß der Manager" in Niort in Frankreich eingeladen worden. Vor etwa tausend Studenten und Industriellen sollte sie über die Performance im Unternehmen referieren. Die Rede sollte von Synchrondolmetschern ins Französische und Englische übersetzt werden.

Leider fiel dem französischen Dolmetscher eine Stunde vor Beginn ihrer Rede ein, daß er vielleicht doch nicht genug Deutsch könne, um ihren Vortrag zu übersetzen. Er ließ fragen, ob sie nicht auch in Französisch referieren könne. Guter Scherz, oder? Eine Stunde vorher! Und Edith hatte damals seit 15 Jahren (seit der Schule) kein Französisch mehr gesprochen. Genauso gut könnte man demnach mir jetzt vorschlagen, ich solle eine Rede auf Französisch halten. Das wäre völlig undenkbar.

Unsere Edith indessen wirft scheinbar so leicht nichts um. Von einer schlecht übersetzten Rede käme wahrscheinlich noch weniger an als von einer, die in sehr schlichtem Französisch vorgetragen wird, überlegte sie sich. Außerdem ist sie grundsätzlich der Meinung, daß es letzten Endes sowieso nicht die Worte sind, die beim Gegenüber ankommen und wirken, sondern daß es vielmehr auf die Persönlichkeit des Referenten und darauf ankommt, mit welchem Gefühl und welcher Absicht er die Rede vorträgt. Also visualisierte sie, was sie den Zuhörern gerne vermitteln wollte. Rein zufällig hatte sie außerdem auf der Hinfahrt ein Buch gelesen, in dem der Autor vorschlug, als Redner solle man seine Zuhörer lieben, dann käme jedwede Botschaft am besten an.

Edith stellte sich also vor, wie sie ihre Zuhörer liebte, was sie vermitteln wollte und wie der Vortrag mit brausendem Applaus enden würde. Was sie genau sagen würde, stellte sie sich nicht vor, die Worte waren schließlich sekundär. Den Nerv muß man erst einmal haben – und das vor tausend Zuhörern und nachdem die Vorredner bekannte Wirtschaftsprofessoren gewesen waren, die auf Französisch oder Englisch referiert hatten!

Langer Rede, kurzer Sinn: Die Absicht kam an, und das Publikum bemühte sich genauso, Edith zu verstehen, wie sie sich bemühte, ihr seit 15 Jahren brachliegendes Französisch zu aktivieren. Der Vortrag endete in brausendem Applaus, und der Bürgermeister des Ortes lud sie sogar beim anschließenden Abendessen an seinen Tisch ein. Ganz offensichtlich war neben den Worten auch ihre Persönlichkeit angekommen.

Das war Ediths großes Schlüsselerlebnis im Halten von Reden. Seitdem hatte sie nie wieder das Gefühl, Vorträge allein halten zu müssen. Sie fühlt sich immer begleitet von den Helfern im Universum, die ihr zur richtigen Zeit die richtigen Stichwörter eingeben und sie sogar wieder eine fast vergessene Sprache sprechen lassen.

Ich habe sie gefragt, was sie neben dieser Kommunikation mit der inneren Kraft oder dem Universum für sich selbst als die wichtigsten Erfolgsfaktoren ansieht.

„Meine Konkurrenz fragt sich oft, wie die Firma Sebald existieren kann, und ich denke, sie verkennen die Wichtigkeit der Menschlichkeit. Ich quetsche z.B. meine Lieferanten nicht aus. Oft sitzt man als Kunde auf einem etwas zu hohen Roß. Ich versuche, meine Lieferanten genauso zu behandeln, wie ich von meinen Kunden auch behandelt werden möchte."

Ein gutes Geschäft ist in Ediths Augen nur dann ein gutes Geschäft, wenn es für beide Seiten zufriedenstellend ist. Und so stehen die wirtschaftlichen Erwägungen bei ihr immer erst an zweiter Stelle. Ihre Preise orientiert sie auch überraschend wenig an denen der Wettbewerber, sondern eher an dem, was sie derzeit für angemessen hält. Als die Konkurrenz kürzlich ihre Preise senkte, erhöhte die Firma Sebald völlig unbeeindruckt davon ihre eigenen. Überraschten Kunden entgegnete Edith: „Leben und leben lassen. Wenn Sie mich kaputtgehen lassen, dann sind Sie einem einzigen Anbieter ausgeliefert. Überlegen Sie sich, ob Sie das möchten." Der Kunde verstand die Problematik und blieb.

Gedanken- und Sprachhygiene hält Edith für ein weiteres wichtiges Erfolgskriterium. Wenn einer ihrer Mitarbeiter Dinge äußert wie: „Hach, schon wieder der blöde Kunde XY...", dann erklärt sie dem entsprechenden Angestellten, es sei ihrer Meinung nach weit besser, jeden freundlich zu empfangen und dabei auch freundlich über ihn zu denken. Letztlich sei jeder nur ein Mensch, der ein glückliches Leben führen möchte. Wenn man dies bedenkt, ist es oft leichter, freundlich zu sein und zu denken. Der Kunde spürt das, und die Probleme lösen sich meist schon im Ansatz auf. Und solange man mit einem Menschen auch lachen kann, läßt sich jedes Problem um einiges leichter lösen.

Die dritte Voraussetzung für Erfolg sieht Edith darin, die eigene Position zu akzeptieren. Man kann jeden Ort und jede Situation mit Leben und Liebe erfüllen. Alles hat so viel Sinn, wie ich ihm gebe. „Ich freue mich immer an allen Dingen, ganz gleich, ob ich sie immer habe oder nur selten", sagt Edith außerdem.

Daß sie das ernst meint, merken auch die Mitarbeiter, die jeden Tag freiwillig mit der Chefin zu Mittag essen. Edith gibt fast immer einige Leckereien aus ihrer Privatkasse aus, da es ihr viel zu bürokratisch ist, die Kosten als „betriebliche Sonderzuwendungen für Mittagessen" steuerlich geltend zu machen. Es kommt ihr schließlich auf das Miteinander und den Spaß an. Obwohl sie schon seit über 30 Jahren Geschäftsführerin ist, fühlt sie sich immer noch wie „eine von allen" und nicht wie „die Chefin obendrüber". Vermutlich gibt es nur wenige andere Firmen, in denen gelegentlich die Chefin persönlich den Mitarbeitern Kaffee serviert. Auch in dieser Hinsicht – Kaffee kochen und Geschirrspülmaschine einräumen – sind bei ihr alle gleich, egal ob Chef oder nicht Chef und egal welches Geschlecht sowieso.

Ich habe mich im Stillen gefragt, wie dieses Fehlen der üblichen Chefallüren wohl bei ihren Geschäftspartnern ankommen mag, wenn sie dies in vollem Ausmaß mitbekommen würden. Kaum habe ich mich das gefragt, kam auch schon die passende Antwort (ich mußte gar nicht erst laut fragen). Edith berichtete von ihrem Besuch bei einem großen Unternehmen, bei dem sie um einiges zu früh zum Termin erschien. Sie wurde auf das Wartesofa für Lieferanten gesetzt. Das Sofa stand direkt gegenüber der Treppe zur Chefetage – man fühlte sich dadurch gleich so schön unbedeutend.

Die betreffenden Herren waren noch mitten in einer Besprechung, und Edith mußte länger warten. Dabei wurde sie müde, legte sich auf dem Sofa hin und schlief ein. Als das Meeting in der Chefetage schließlich beendet war, mußten die Herren sie erst einmal wachrütteln.

Was einem anderen auch hätte Nachteile bringen können, brachte Edith bei ihrer Art, mit den Dingen umzugehen, gleich wieder den nächsten Vorteil ein. Durch diesen sehr menschlichen und völlig unprofessionellen Vorfall – schlafende Lieferantin auf der Wartecouch – fiel die aufgesetzte Konformität von den Großunternehmern ab, und Edith hatte ein weiteres sehr entspanntes und positives Kundengespräch.

Wenn man die Geheimnisse des wahren Erfolgs kennt, dann kann man es sich erlauben, jederzeit einfach Mensch und man selbst zu sein!

Im nächsten Kapitel stelle ich euch Ediths ebenso ungewöhnliches männliches Pendant vor – einen fröhlichen Tausendsassa, für den nichts unmöglich ist.

13 Nichts ist unmöglich

Carsten hat viele gute Eigenschaften, und berufliche Bescheidenheit gehört nicht dazu. Das ist sein Glück, denn auf diese Weise macht er immer wieder das Unmögliche möglich.

Das fing schon früh beim Maschinenbaustudium an. Gegen Ende desselben wurde es ihm allmählich an der Universität zu langweilig und zu theoretisch, und so begann er, seine Fühler in Richtung Industrie auszustrecken. Es gelang ihm, einen guten Kontakt zu der Firma HP herzustellen. Am liebsten hätte er gleich dort seine Diplomarbeit geschrieben, aber leider hatte das Unternehmen zum damaligen Zeitpunkt nur eine Diplomarbeit über Marketing für einen Studenten der Betriebswirtschaft anzubieten.

Carsten dachte sich, probieren geht über studieren, und meinte, er werde erst einmal versuchen, ob er nicht doch einen Maschinenbau-Lehrstuhl fände, der auch Marketing als Diplomarbeit akzeptiert. „Das können Sie vergessen, das wird kein Lehrstuhl annehmen", wurde ihm prophezeit.

Durch welches Wunder auch immer, Carsten gelang es doch, einen solchen Lehrstuhl zu finden, und so schloß er tatsächlich sein Maschinenbaustudium mit einer Diplomarbeit über Marketing ab. So etwas ist eigentlich unlogisch und hätte es nicht zu geben. Carsten indes nahm es als Zeichen, daß in Wahrheit nichts unmöglich ist.

Da er sich seit jeher für regenerative Energien interessiert, sauste er bald von einem Unternehmen zum anderen und lernte überall Teilbereiche dieses Marktes kennen – bei der einen Firma Biogas, bei der anderen Blockheizkraftwerke, bei der nächsten Photovoltaik und Solarthermie, bei der übernächsten Regenwasser-Nutzungsanlagen, bei noch einer weiteren Pflanzenöl als Treibstoff und so weiter und so fort. Allerdings blieb er überall nur so lange, wie es ihm dort gefiel. Das war mitunter nicht sehr lange, um nicht zu sagen eher kurz. Irgendwann fiel ihm ein, daß diese ständigen Wechsel im Lebenslauf eines Angestellten meist nicht so gut aussehen. Also gründete er kurzerhand seine eigene Solaragentur, denn was bei einem Angestellten einen schlechten Eindruck macht, ist bei einem Selbständigen ein gutes Renommee. Zehn Arbeitsstellen als Angestellter erwecken den Verdacht der Unzuverlässigkeit, aber zehn verschiedene Projekte als Selbständiger schinden Eindruck. Ganz klar, Carsten ist eher der Typ Selbständiger.

Irgendwann kam er auf die Technik des „Bestellens beim Universum". Außerdem lernte er einen netten Kollegen aus der Solarindustrie kennen, der Vorstand einer Aktiengesellschaft war. „Oh ja, das ist cool", dachte Carsten sich, wie die Jungs halt manchmal so sind. Ein großes Auto brauchen sie (zumindest wenn sie aus Deutschland sind, in Italien ist das ganz und gar anders) und einen Vorstandsposten – die Krönung der Karriere. Also bestellte sich Carsten einen Vorstandsposten. Das war natürlich nur so eine alberne Idee und nichts, was er wirklich brauchte. Und wie das Universum immer so ist: Kaum braucht man nichts, bekommt man alles. Es dauerte daher nicht lange, bis die Auslieferung erfolgte. Eben wie immer, wenn man keine Zweifel, Ängste oder Mangelgedanken hinterherschickt.

Carsten wurde also alleiniger Vorstand einer kleinen Aktiengesellschaft mit etwas über fünf Millionen Stammkapital. Die erste Überweisung, die er tätigte, betrug gleich 1,2 Millionen Mark, und Carsten fühlte sich grandios. So etwas sprengt Grenzen, findet er. Man schreibt nur seinen Namen auf ein Blatt Papier, und schon fließen 1,2 Millionen von hier nach da.

Die Sache hatte einen Haken. Auf seinem gewichtigen Vorstandssessel war er zu weit weg von der Technik, die er ja eigentlich so liebte, und so gefiel ihm sein frisch bestellter Posten auch nicht lange. Bald darauf fand er sich bei seiner eigenen Solaragentur wieder. Mittlerweile kannte er fast den ganzen Markt.

Diesmal gab er eine neue Bestellung auf: Er wollte Jobs und Aufträge haben, bei denen er sich glücklich fühlte – was immer das dann sein mochte. Auch wenn das vielleicht „adieu Vorstandsposten" und „adieu Ruhm und Ehre" bedeuten sollte. Denn glücklich zu sein war ihm doch wichtiger als ein hohes gesellschaftliches Ansehen. Manche Dinge muß man erst ausprobiert haben, bevor man weiß, daß sie gar nicht zu einem passen.

Nicht viel später fing Carsten bei einer Solarfirma als freier Berater an. Das Unternehmen schrieb bislang nur rote Zahlen und lebte vom Sponsoring der Muttergesellschaft. Es fehlte dort das Bewußtsein dafür, daß man mit Solarenergie heutzutage richtig Geld verdienen kann. Besonders die Leute, die bereits seit zehn Jahren in der Solarforschung tätig sind, glauben heute noch immer, man müsse kämpfen, um im Bereich Solarenergie zu überleben. Vor lauter Kämpfen haben sie nicht bemerkt, wie der Markt sich geöffnet hat und daß die gesamte Bauindustrie – vom Dach- und Fassadenhersteller bis hin zu Hausinstallateuren – aktiv nach Solarprodukten sucht.

Carstens Beratungen und seine Kontakte zu Großhändlern verliefen recht erfolgreich. Als kurz darauf der Vertriebsleiter des Unternehmens kündigte, lag es nahe, daß Carsten der Posten angeboten wurde, weil er mit der Firma ja schon bestens vertraut war. Da er allerdings zunächst gar nicht so erpicht auf diese Stelle war, fühlte er den Gesellschaftern beim Bewerbungsgespräch genauestens auf den Zahn: „Liebe Leute, ich weiß zwar, daß ihr einer der größten Heizkesselhersteller in Deutschland seid, aber ich sage es euch ganz ehrlich: Meine Vision sieht vor, langfristig alle Häuser ohne Heizkessel zu beheizen. Weniger Emissionen sind schön, aber zufrieden bin ich persönlich erst bei null Emissionen. Meine Frage an euch: Was sind eure Ziele? Habt ihr euch nur ein grünes Mäntelchen übergezogen, oder ist es euch mit diesem Anliegen ernst? Denn wenn es nur ein grünes Mäntelchen sein sollte, dann würden wir miteinander nicht glücklich werden..."

Carsten bekam den Job und ist inzwischen im ganzen Haus als „der Mann, der ohne Heizkessel heizen will" bekannt. Den Gesellschaftern gefiel seine Einstellung, und sie schätzten sein breites Know-how. Und so wurde ihm die Position des Vertriebsleiters übertragen, OBWOHL er angekündigt hatte anzustreben, GEGEN die Produkte der Mutterfirma zu arbeiten.

Damit hat er, kaum daß er den Posten angetreten hatte, auch schon begonnen. Einer der Außendienstmitarbeiter machte ihn auf einen interessanten Erfinder aufmerksam, der seit Jahren im Bereich Heiztechnik arbeitet. Er war inzwischen zu dem Ergebnis gekommen, daß bei Heizkesseln viele unlogische und unökonomische Dinge gemacht werden. Beispielsweise taktet (d.h. schaltet sich ein und aus) ein herkömmlicher Heizkessel rund 40.000

mal im Jahr. Er geht jeweils für nur einige Minuten an, um das Wasser von rund 55 auf 60 Grad aufzuheizen. Er beginnt also bei einem minimalem Temperaturabfall nachzuheizen. Bei diesem ständigen An- und Ausschalten stößt der Motor – genau wie ein Auto beim Starten und Abstellen – viel Schmutz aus und verbraucht viel Energie. Die durchschnittlichen Warmwasserboiler, die derzeit zwischen 150 und 180 Liter Wasser fassen, sind daher bald verdreckt und verklebt. Wir duschen, baden und spülen unser Geschirr mit warmem Wasser, das aus einem schön verdreckten und verklebten Boiler kommt. Zusätzlich besteht die Gefahr, daß sich darin Bakterien bilden. Deshalb heizen die Heizkessel schon beim geringsten Temperaturabfall nach, da sich bei 60 Grad keine Bakterien bilden können. Dennoch mußte erst vor kurzem in Berlin ein ganzes Hotel wegen Bakterien im Warmwasser geschlossen werden.

Der Techniker, den Carsten kennenlernte, macht alles ein wenig anders. Er baute einen Schichtspeicher, der 550 statt der üblichen 150 Liter Wasser aufnehmen kann. Dieser Speicher stellt einen geschlossenen Kreislauf dar, und das Wasser wird nie ausgetauscht. Der Kessel heizt es jeweils für eine Stunde auf und steht danach acht Stunden still. Dadurch spart er enorm viel Energie und geht praktisch nie kaputt, da er nur noch selten taktet. Der Schadstoffausstoß reduziert sich aus demselben Grund auf die Hälfte. Außerdem kommt das benötigte Warmwasser dann aus keinem versifften Boiler mehr, sondern wird über einen externen Wärmetauscher jeweils frisch erzeugt. Das heißt, kaltes Wasser fließt am heißen Kessel vorbei und wird dadurch erwärmt. Sind die 550 Liter im Speicher schon etwas abgekühlt, so schickt der Wärmetauscher das kalte Wasser langsamer daran vorbei und schneller, wenn der Speicher noch sehr heiß ist. Dadurch wird die gewünschte Temperatur erzielt.

Wie der Erfinder Carsten erzählte, hat er im Laufe der Zeit fast alles umgedreht, was er je in der Heiztechnik gelernt hatte. Auch sein Wärmetauscher funktioniert umgekehrt wie die üblichen. Er konnte eine höhere Effizienz erreichen, indem er die übliche Warm- und Kaltwasserzufuhr einfach vertauschte.

Carsten war gleich Feuer und Flamme für diese neue Technologie, da sie so viele positive Eigenschaften in sich vereint. Die Erfindung ist auch mit allen anderen Heizsystemen kompatibel – sowohl mit Holz- und Pelletsöfen (Pellets sind gepreßte Holzabfälle) als auch mit Wärmepumpen und Solaranlagen.

Carsten meint dazu: „So etwas erfinden nur Leute, die selbst nachdenken, anstatt nur etwas nachzuplappern. Leute, die hinterfragen, warum etwas so ist, wie es ist. Leider gibt es derzeit nur wenige Menschen, die selbständig denken können. Die meisten sehen etwas Neues und stellen lediglich fest: 'Aha, so ist das also.' Das war dann oft auch schon alles, was sie dazu zu sagen haben. Nichts wird hinterfragt, und Innovationen kommen nur von Minderheiten."

Der Erfinder hatte sein Produkt vor ein paar Jahren einem großen Heizkesselhersteller in Deutschland vorgestellt. Dieser hatte sofort erkannt, daß der Kessel damit unzerstörbar wird und quasi ewig hält, wenn er nur noch 1.000 mal pro Jahr taktet statt wie bisher etwa 40.000 mal. Die Antwort war knapp und klar: „Wir müssen 7.000 Arbeitsplätze bereitstellen. Das System interessiert uns nicht."

Für Carsten sah die Sache anders aus. Aus seiner Sicht stellt diese Erfindung eindeutig einen Schritt in die richtige Richtung dar. Und da er wußte, daß es den Gesellschaftern der Firma, für die er arbeitet, mit ihrem Umweltbewußtsein ebenfalls ernst ist, hat er die Unterlagen für dieses neue System gleich dem technischen Leiter übergeben.

Als dieser dann dem Erfinder den ersten Termin anbot und letzterer stolz im Bekanntenkreis davon berichtete, waren die ersten Reaktionen: „Schmarrn, vergiß es! Die wollen doch auch nur Geld verdienen und lassen dich vermutlich gleich wieder fallen." Das war ein Irrtum. Es besteht nämlich der begründete Verdacht, daß diesmal Schwung in diese neue Technik kommt.

Carsten ist der Meinung, die ganze Welt könnte in der Umwelttechnologie bereits viel weiter sein, wenn die Menschen positiver denken würden. Wenn man zu jemandem mit den Worten oder der Einstellung kommt: „Das ist ja eh alles Mist, was du hier machst", dann schaltet der andere auf Abwehr. Man sollte vielmehr denken und sagen: „Ich finde das toll, was du machst und was du schon erreicht hast. Hier habe ich noch ein paar Tips, wie du vielleicht noch toller und innovativer sein kannst." Wenn man das Göttliche, das Schöne und Perfekte im anderen anspricht, dann bestehen gute Chancen, daß er sich gemäß dieser Erwartungshaltung benimmt. Und wenn der erste absagt, dann sagt vielleicht der zweite zu. Wer zu schnell aufgibt, verpaßt auch zu viele Chancen.

Carsten: „Mit regenerativen Energien kann man die Menschen heutzutage richtig begeistern. Die wollen doch alle was tun und mithelfen und arbeiten sogar teilweise umsonst, nur um die Umweltsituation zu verbessern. In der Kosmetikbranche arbeitet bestimmt niemand umsonst.

Für mich ist das ganz selbstverständlich, daß mir überall die Türen offenstehen, und genau deshalb ist es auch so. Ich bin immer zur richtigen Zeit am richtigen Ort, und meistens geht alles ganz leicht. Als ich mir zum Beispiel meinen Dieselwagen gekauft habe und Biodiesel tanken wollte, hat es mich nicht mehr als ein paar Telefonate gekostet, um bei mir im Ort eine neue Biodiesel-Tankstelle zu initiieren.

Wenn ich dann öfter gefragt werde, wie ich das bloß immer alles mache, dann sage ich den Leuten, daß es ganz einfach geht. Man muß nur wissen, daß es einfach ist. Und übrigens – mit diesem Job hier bin ich gerade so richtig glücklich. Viel glücklicher als mit dem Vorstandsposten. Das war die beste Idee seit langem, mir einfach den Job oder Auftrag zu bestellen, der mir am meisten Spaß macht. Der Verstand denkt einfach zu beschränkt und irrt sich zu oft. Er denkt, er brauche dies und jenes, um glücklich zu sein. Dabei ist es oft ganz etwas anderes.

Aber jetzt bin ich ja auf den richtigen Trick gekommen, und ich bedanke mich jeden Morgen für die vielen Dinge im Leben, die ich habe und die mir Freude bereiten. Das ist auch ein Fehler, den ich früher gemacht habe. Ich habe mich zu sehr am Mangel orientiert und daran, was ich alles noch nicht habe. Der Gedanke an Mangel erzeugt nur noch mehr Mangel. Viel besser ist es, sich für die allerkleinsten Dinge zu bedanken. Und sei es nur dafür, daß morgens die Sonne aufgeht. Dafür kann sich jeder bedanken. Einmal angefangen, wird es jeden Morgen mehr sein, wofür man sich bedanken kann. Einfach, weil man begonnen hat, den positiven Dingen des Lebens seine Energie und Aufmerksamkeit zu geben."

Auch die Herren aus dem nächsten Beispiel haben eine Weile gebraucht, bis sie, wie Carsten, den richtigen Beruf und Platz im Leben für sich gefunden haben. Einer von ihnen ging dabei allerdings noch unkonventionellere Wege als Carsten.

14   Durch Spaß zum Erfolg

Alyn, ein ehemaliger Bauunternehmer, stellte eines Tages fest, daß seine Arbeit ihn nicht wirklich glücklich machte, obwohl er angenehm viel Geld verdiente. Möchtet ihr raten, was für einen Beruf er inzwischen ausübt? Das könnt ihr gleich vergessen, ihr kommt vermutlich nie drauf. Alyn hat nämlich entdeckt, daß ihm das Leben als Fakir am meisten Spaß macht! Und sein Geld steckt er inzwischen in den Ausbau einer Wasserburg. Sie hat circa 14 Räume, wovon einige bereits renoviert wurden. Räumlichkeiten wie beispielsweise der Rittersaal und die Miste (ein überdachter Misthaufen), die Alyn zum Lokal umgebaut hat, können für öffentliche und private Veranstaltungen aller Art gemietet werden. Desweiteren befindet sich im Burghof ein Biergarten, und auch ein Antik-Trödelmarkt findet regelmäßig auf dem historischen Gelände statt.

„Mein Leben fing mit 30 Jahren erst richtig an", sagt der heute 51jährige Alyn, dem man, wenn man bei seinen Shows zusieht, die 30 immer noch abnehmen würde. Ihm hatte das Leben als Bauunternehmer, insbesondere während der Baukrise 1975, keinen Spaß mehr gemacht, und er sah für sich keine Perspektive mehr in dieser Branche. Er hörte einfach auf, ohne zu wissen, was kommen würde.

Eine Zeitlang tat sich nicht viel, und irgendwann geriet er durch seine damalige Freundin in die Hausbesetzerszene. Aber das war nicht das richtige Umfeld für einen ehemaligen Bauunternehmer. „Die haben die Häuser kaputtbesetzt", erzählt Alyn. „Ich habe am Anfang ganz naiv versucht, mit meinem Bauwissen was draus zu machen und Neues aufzubauen, aber dafür hatten die überhaupt keine Wertschätzung."

Bei einer Jahresfete für Hausbesetzer traten unter anderem einige Fakire und Künstler auf. Alyn erinnert sich noch genau: „Was die da aufgeführt haben, das hatte einfach keine Qualität. Das war allenfalls oberflächliche Scharlatanerie. Ich fand gleich, daß ich das besser könnte. Allerdings gab es eine Art ungeschriebenes Straßengesetz, das lautete: Wer nachmacht, der wird eingemacht! Damit stand die Sache für mich fest: Jetzt mach' ich das erst recht!"

Alyn wollte gleich mit mehr Qualität beginnen, und so bereitete er sich durch Yoga und Meditation intensiv auf seine Shows vor, in denen er unter anderem auch Feuerspucken und Laufen über Scherben vorführt. „Wenn man sich konzentriert und den Körper im Griff hat, dann kann man sogar von einem Stuhl auf die Scherben springen. Es macht nichts, wenn mal eine im Fuß steckenbleibt. Man zieht sie nur raus und fertig. Da kommt kein Blut, und die Wunde ist auch kurz darauf wieder zu. Auf sowas kann man seinen Körper trainieren", erklärt er.

„Für meine erste Show hatte ich ein Startkapital von 50 Mark. Das reichte gerade für Nägel, eine Pumphose, Petroleum und für mit Mull umwickelte Fonduestäbe fürs Feuerschlucken. Nach der ersten Show auf einem Trödelmarkt hatte ich dann 150 Mark und war quasi reich."

Alyn nahm im Laufe der Jahre Einradfahren, Jonglieren und Clowneinlagen in seine Show mit auf. Nach fünf Jahren hatte er offenbar die richtige Bühnenreife erlangt, denn er wurde auf der Straße immer öfter von Künstleragenturen angesprochen, die ihn buchen wollten.

Am liebsten arbeitete er jedoch nach wie vor auf der Straße, und in seinen besten Zeiten in Köln ging er nach der Show nach Hause, zog sich um und dinierte anschließend im Kölner Domhotel. „Ich habe damals fürstlich gelebt. Die Leute haben oft fassungslos gefragt, ob man denn von sowas leben könne. Aber der Koch vom Domhotel kam mich sogar auf der Straße besuchen und fragte, was er mir heute kochen solle. Hätte ich so leben können, wenn ich nichts verdient hätte? Die Leute unterschätzen das: Wenn man gut und kreativ ist und echten Spaß an der Sache hat, dann verdient man auch richtig gut."

Irgendwann kam Alyn die Idee, eine Halle zu mieten. Er stellte sich vor, darin auf einer Art Terrasse zu leben, von wo aus er seine Requisiten stets im Blick hätte und er üben könnte, wann immer ihm gerade der Sinn danach stand. Eine Halle fand er nicht, statt dessen wurde ihm eine Burg angeboten. Nach ein paar Besuchen vor Ort kamen ihm immer mehr Ideen, was sich daraus machen ließe, und so schlug er schließlich zu und pachtete das historische Gemäuer inklusive des dazugehörigen 20.000 Quadratmeter großen Grundstücks.

„Wenn mir heute eines der Zimmer zu unordentlich wird, dann ziehe ich einfach ins nächste. Das ist sehr praktisch. Mein Luxus besteht heute nicht mehr in Geld, sondern darin, großflächig zu leben, morgens ausschlafen und entscheiden zu können, auf was ich Lust habe. Ich bin ein Workaholic, ich habe immer Lust etwas zu machen." Beispielsweise seine Schafe, Enten, Ziegen, Hühner, Katzen und Hunde zu versorgen. Oder Shows zu veranstalten, den Biergarten in Schwung zu halten oder wieder eine Ecke in der Burg weiter auszubauen und zu renovieren. Langweilig wird es ihm jedenfalls nie.

Ich hatte das Vergnügen, Alyn auf seiner Burg kennenzulernen und eine seiner Shows in der Miste zu sehen. Seine Fakirdarbietungen mit ihren komischen Einlagen sind wirklich gut, man lacht sich schlapp bei seiner Vorführung und wird von dem ungeheuren Spaß, den er dabei offensichtlich hat, förmlich angesteckt und mitgerissen.

Es gab schon Zirkusse, die Alyn ein ständiges Engagement angeboten haben. Ihm war jedoch gleich klar, daß der harte Drill dort ihn kaputtmachen und abstumpfen lassen würde. Darunter hätte auf Dauer die Qualität seiner Shows gelitten. Also sagte er ab. Falls einem Zirkus mal eine wichtige Nummer ausfällt und kurzfristig Ersatz benötigt wird, kann er es aber jederzeit für ein Teilzeitengagement wieder bei Alyn versuchen. Der nennt dann seine Preisvorstellung, und die Herren Zirkusdirektoren können zustimmen oder ablehnen. Meistens stimmen sie zu, obwohl die Gage ziemlich hoch ist. Doch das ist Alyn sich wert: Er arbeitet nur, wenn er sich mit den Konditionen wohlfühlt. Seine Gage ist aber nicht immer gleich hoch. Mit Alyn kann man verhandeln. Anreisedauer und Zeitpunkt mal eigener Spaßfaktor mal Geldbeutel des Kunden ergibt das individuelle Preisangebot. (Kontaktadresse siehe Anhang)

Wie Alyn für sich herausgefunden hat, **kann ein Leben, das einen nicht erfüllt, weit mehr kosten als eines, das viel Spaß macht.** Deshalb ist das Honorar so variabel und veränderlich wie die Shows und Alyns ganzes Leben. Wahrer Luxus drückt sich darin aus, so zu leben, daß man dauerhaft Spaß daran hat. Was nicht heißen soll, daß man nicht auch Millionen von Mark mit etwas Erfüllendem und Vergnüglichem verdienen kann. Wer dies bereits erreicht hat, ist offenbar schon am rechten Platz. Herzlichen Glückwunsch!

Alle anderen möchte dieses Kapitel zu der Frage anregen, ob man mit seinen innersten Wünschen diesbezüglich auf einer Linie liegt oder nicht. Es wäre ja schließlich Unsinn, wenn man 49 Wochen im Jahr zwar viel Geld, aber nur mit unangenehmen Tätigkeiten verdienen würde, damit man sich drei Wochen Luxusurlaub leisten kann, die dann auch nur vielleicht wirklich berauschend schön sind. Da habe ich doch lieber 52 Wochen am Stück Spaß und brauche den „teuren Trost" gar nicht. Vielleicht sollte man überhaupt lieber Urlaub „in sich selbst" statt „weg von sich selbst" machen. Dann ist der Aufenthaltsort relativ egal.

Der Leierkastenmann

„Urlaub in sich selbst", das macht Reiner, ein erfolgreicher Geschäftsmann aus Berlin, mindestens jedes Wochenende. Er besitzt ein gutgehendes Steuerberatungsbüro mit 13 Angestellten sowie „einen ganzen Haufen" Eigentumswohnungen. Vor diesem Hintergrund wird das Folgende um so mehr überraschen. Er hat sich nämlich einen Leierkasten gekauft, und mit diesem spielt er rein zum Vergnügen mal hier, mal da – in der Fußgängerzone, bei Straßenfesten, im Park und wo er gerade Lust hat. Das macht ihm einen Heidenspaß, und wie er festgestellt hat, nimmt er dabei im Schnitt sogar 30 Mark pro Stunde ein. Sonst verdient er zwar ein beträchtliches Mehrfaches davon, aber für Leierkastenspielen sind 30 Mark die Stunde viel, und er findet es klasse: „Es macht super viel Spaß. Das Geld liegt auf der Straße, das sag' ich dir. Man darf nur nicht immer so danach gieren. Der Spaß sollte im Vordergrund stehen, dann kommt nämlich das Geld von ganz allein. Wer keinen Spaß hat, der verpaßt auch die ganzen tollen Zufälle. Mit Spaß fügt sich alles optimal zusammen, ohne hat man die ganze Arbeit alleine und alles geht viel umständlicher. Die Zufälle bleiben dann einfach weg."

Reiner hat sich mittlerweile lustige Visitenkarten als Leierkastenmann drucken lassen. Auf ihnen steht:

Ein kluger Mensch hat mal jesagt,
beim Fröhlichsein wird nich jespart.
Ob Party, Hochzeit,
Jubelfeier, Trubel,
icke mach Musike,
dreh die Kurbel.
Wenn icke mit meine Leier komm,
steigt die Stimmung im Salon.
Icke hab ooch uff de Walze druff
Tango, Walzer, de Berliner Luft.
Die Leute schunkeln und tun singen,
da muß doch jedet Fest jelingen.
Nun nimm die paar Jroschen
und ruf ma an,
dann sag icke dir,
wann icke kann.
Reiner, der Leierkastenmann

Wenn er für Hochzeiten oder andere Festivitäten bestellt und gebucht wird, nimmt er 180 Mark die Stunde, und die Leute freuen sich und sind begeistert. Vor kurzem ist er umgezogen und hat in seiner neuen Wohngegend auf einem Straßenfest gespielt. Am nächsten Tag stand ein Bericht über „Reiner, den Leierkastenmann" in der Zeitung. Reiner fand das toll, hatte einen Riesenspaß dabei. Und ich habe einen Riesenspaß, wenn ich mir vorstelle, ich würde einem Durchschnittsgeschäftsmann mit Reiners Einkommen vorschlagen, sich als Leierkastenmann auf die Straße zu stellen. Wenn das dann auch noch in der Zeitung käme, dann würde so ein Durchschnittsmanager vermutlich allenfalls Angst um sein Image haben.

„Also, ich denke, Spaß zu haben, bei dem was man tut, ist immer die Voraussetzung, um Erfolg zu haben", meint Reiner. „Man sollte sich auch nicht zu gut sein zu allen möglichen angeblich niederen Tätigkeiten. Dabei verpaßt man nur Tausende von Chancen. Wenn man dann noch nett ist und zuverlässig, Termine einhält und keinen übers Ohr haut, dann kann man nur Erfolg haben."

Er weiß auch gleich ein halbes Dutzend Jobs und Tätigkeiten, die man in Berlin ausüben könnte: Beispielsweise Holzpaletten, die bei Materiallieferungen in Industriebetrieben anfallen, zu Brennholz zerkleinern. Der Industriebetrieb würde für die Abnahme der Paletten sogar noch Geld bezahlen, da diese ansonsten weit teurer als normaler Müll entsorgt werden müßten. Trotzdem werden sie meist für viel Geld am Stück abgeholt, weil sich keiner findet, der den Zerkleinerungsjob machen will. Reiner klang fast so, als fände er es schade, sich diese Geschäftsgelegenheit entgehen lassen zu müssen, da er als Steuerberater und Leierkastenmann ja schon voll ausgebucht ist.

„Das spürt einfach jeder, wenn man Spaß am Tun hat. Und wenn man angestellt ist, dann bekommt man sofort mehr Verantwortung, wenn man etwas gerne macht. Dann kann man eigenständiger arbeiten und hat wieder mehr Spaß und Freiraum", ist Reiners nächster Tip. „Man sollte auch nicht zu schnell zuviel Geld verdienen wollen und das dann mit Schummeleien zu erreichen versuchen.

Sowas ist instabil und hält nicht lange, meiner Erfahrung nach."

Reiner gab auch noch einige kleine, dafür aber um so eindrucksvollere Geschichten von seinen Mandanten zum besten: Eine Graphikerin machte sich mit einem kleinen Café selbständig, das sie selbst richtig schön und gemütlich gestaltete. Sie ging in ihrer neuen Tätigkeit völlig auf, und es war einfach toll bei ihr. Sie strahlte hinterm Tresen hervor und verdiente genug Geld.

Die Anfangseuphorie war jedoch irgendwann verpufft, und sie strahlte nicht mehr. Eines Tages war sogar der Kuchen richtig alt und schmeckte überhaupt nicht mehr. Reiner sagte ihr dies ganz ehrlich und empfahl ihr dringend, sich nach einem neuen Bäcker umzusehen. Doch wie es mit der Trägheit manchmal so ist – sie ging zu keinem neuen Bäcker, und auch sonst schlaffte die Stimmung in ihrem Laden zunehmend ab. Die Kunden blieben aus, und es kam kein Geld mehr in die Kasse. Reiner konnte es kaum glauben und sprach sie schließlich darauf an: „Sag' mal, was ist denn mit dir los? Dein Bäcker ist eine Katastrophe, und du hast immer noch keinen neuen. Auf den Tischen gibt es keine Blumen mehr, die Deko staubt ein, und du selbst siehst immer schlechter aus. Sieh doch mal in den Spiegel, macht dir das noch Spaß?"

Die Mandantin und Caféinhaberin war zunächst schwer geschockt und auch verärgert. Und Reiner war sich unsicher, ob er einen Fehler gemacht hatte, gar so deutlich zu werden. Aber ein paar Tage später kam ein Anruf, in dem sie sich für die eindringlichen Worte bedankte. Sie raffte sich auf und kümmerte sich wieder mehr um die Dinge, die letztlich auch ihr selbst mehr Freude bereiteten und die sie nur aus Trägheit vernachlässigt hatte.

Kaum ging sie wieder mit mehr Energie an ihren Laden

heran, fügten sich die Dinge optimal zusammen. Ruck-zuck fand sie einen neuen Bäcker, der richtig lecker bak-ken konnte und sowieso gerade nach neuer Kundschaft Ausschau hielt. Sie war ihm zuvorgekommen. Nun nutzte sie die neue Quelle auch gleich für eine Werbeaktion: „Bei uns gibt es jetzt Brötchen vom Bäcker soundso", stand auf ihren Flyern, und, wenn schon, denn schon, kümmerte sie sich auch um eine schöne neue Dekorati-on. Außerdem stellte sie jetzt bei schönem Wetter auch Tische und Stühle auf die Straße. Eins kam zum anderen, alles schien wieder ins rechte Lot zu kommen. „Jetzt sieht sie wieder gut aus, und der Umsatz stimmt auch wieder", bestätigt Reiner. Er glaubt, daß sie sich einfach nur von den negativen Stimmungen anderer hat runterziehen las-sen. Und ohne gute Laune fehlt es sofort am nötigen Elan, sich das Leben schön zu gestalten.

Reiner hält übrigens auch zuviel Fernsehen und bebil-derte Katastrophenmeldungen für eher schädlich als nütz-lich. Solche Eindrücke, möglichst täglich vor dem Schla-fengehen, und dann noch negatives Gemecker und Ge-jammer von anderen – wer da nicht aufpaßt, kann sich leicht anstecken und runterziehen lassen und wundert sich dann, warum sich auf einmal die Gründe für schlechte Laune so richtig mehren. Fragt man sich dagegen wieder, „Was macht mir eigentlich Spaß? Worin gehe ich auf?" und setzt sich keine unnötigen Grenzen, dann ist man wieder auf dem richtigen Weg, und die nötigen Ideen, Inspirationen und mit ihnen das nötige Kleingeld kehren von allein zurück.

In den beiden nächsten Kapiteln wird es um höchst inno-vative Strategien der Unternehmensführung gehen. Sie ba-sieren auf Menschlichkeit und gegenseitigem Vertrauen, und wie die Praxis zeigt, zahlt sich das für alle Seiten aus.

15 Arbeiten wann und wieviel man will

Didymus Hasenkopf mußte so manchen Umweg nehmen, bis er es sich schließlich leisten konnte, die Ingenieursschule für Holztechnik in Rosenheim zu besuchen. Anschließend arbeitete er wieder in den unterschiedlichsten Firmen und erlebte vielerorts die weit verbreiteten streng hierarchischen Unternehmensstrukturen. Hasenkopf war jedoch schon immer der Ansicht, daß es keineswegs den Umsatz fördert, wenn Angestellte Angst vor ihrem Vorgesetzen haben. Das führe nur dazu, daß alles, was von oben kommt, für schlecht befunden und jede Neuerung sabotiert werde, meint er. Auf diese Weise könne ein Betriebschef über kurz oder lang in so einer Firma nichts bewirken.

Als Hasenkopf schließlich durch die Erfindung der Faltschublade seinen persönlichen Durchbruch erlebte und selbst zum Firmenchef mit 80 bis 90 Angestellten avancierte, machte er daher alles anders. Wer motivierte Mitarbeiter wolle, müsse ihnen vertrauen, statt sie zu kontrollieren, war und ist seine Devise. So hat er in seinem Unternehmen von Anfang an ein flexibles Zeitkontenmodell eingeführt. Hierbei gibt es statt Stechuhren kleine Kalender, in die jeder handschriftlich seine geleisteten Arbeitsstunden einträgt. Einmal im Monat wird der Stundenkalender in der EDV-Abteilung erfaßt.

Die flexible Jahresarbeitszeit

Grundsätzlich vereinbaren die Mitarbeiter bei Hasenkopf eine beliebig lange Arbeitszeit, die sie durchschnittlich pro Monat leisten möchten und nach der sich das Gehalt berechnet. Dabei ist von der 40-Stunden-Woche bis zur 10-Stunden-Woche alles möglich. Entscheidet sich ein Mitarbeiter beispielsweise für eine Viertelstelle, so muß er beim Zeitkontenmodell nicht gleichbleibend 10 Stunden pro Woche arbeiten, sondern er kann mal mehrere Wochen gar nicht kommen und dann eine Weile in Vollzeit seinen Dienst verrichten. Nur das Gehalt bleibt jeden Monat gleich.

Das hat für beide Seiten viele Vorteile und birgt weit weniger Risiken, als es auf den ersten Blick scheinen mag. Im Gegenteil, dieses Modell hilft sogar, Risiken zu vermeiden. Für die Firma Hasenkopf besteht der Vorteil darin, daß jede beliebige Stückzahl an Schubladen innerhalb von 24 Stunden geliefert werden kann. Denn sobald größere Aufträge reinkommen, arbeiten die Mitarbeiter nach Absprache einfach länger und nehmen die Zeit hinterher wieder frei.

„Aha, wußten wir es doch", werden sich vielleicht manche denken. „Es handelt sich hier nur um getarnte Überstunden." Irrtum! In der Praxis sieht die Sache nämlich folgendermaßen aus. Ein Meister (oder in anderen Betrieben der Abteilungsleiter) hat beispielsweise 15 Mitarbeiter in seinem Team, und es kommt ein eiliger Auftrag ins Haus. Dann ruft er seine Belegschaft zusammen und sagt: „Also Leute, hört mal, nächste Woche kommt ein dringender Auftrag. Ich bräuchte einige Freiwillige, die in dieser Zeit jeden Tag eine Stunde mehr arbeiten. Wer hat Lust?" Und dann melden sich in der Regel mindestens

die Hälfte der Leute und erklären sich bereit, in der ange-
kündigten Woche mehr zu arbeiten. Das tun sie, weil sie
Hasenkopf kennen und wissen, daß sie sich umgekehrt
auch auf ihn verlassen können, und weil sie private Projekte im Kopf haben, zu denen sie wieder mehr Freizeit
brauchen. Keiner wird zu Überstunden gezwungen, sondern es wird angekündigt, wieviel Mehrarbeit benötigt
wird, und die Mitarbeiter sprechen sich ab, wer kommt.

Umgekehrt gibt der Meister auch bekannt, wenn ruhige-
re Zeiten folgen: „Nächste Woche ist nicht viel los. Wer
will Stunden abbauen und freinehmen?" lautet dann die
Frage. Und schon nehmen all diejenigen frei, die genügend Zeit auf ihrem Konto angespart haben und vielleicht
schon seit Tagen auf eine günstige Gelegenheit warten,
um endlich den Garten umzugraben, die Wohnung zu strei-
chen oder ähnliches.

„Es ist noch nie vorgekommen, daß wir jemanden heim-
geschickt haben, der arbeiten wollte", sagt Hasenkopf.
Alles basiert auf Freiwilligkeit und gegenseitiger Absprache, und die funktioniert bei Hasenkopf reibungslos.

Aber das kommt nicht von ungefähr. Die Hasenkopf-
schen Mitarbeiter sind hochmotiviert, der Firma bei eiligen Aufträgen oder in ruhigeren Zeiten mit entsprechen-
der An- oder Abwesenheit entgegenzukommen, denn die
Geschäftsleitung ist ihrerseits genauso bemüht, den Mitarbeitern entgegenzukommen. Ein Unternehmer, der im
Geiste alle Mitarbeiter nach seinem Zeitplan tanzen sieht,
ohne daß er eine Gegenleistung erbringt, der wird in Kürze Schiffbruch erleiden.

Wenn in einem herkömmlichen Betrieb ein Mitarbeiter
am Wochenende zu stark gefeiert und einen Brummschädel hat, dann rennt er nicht selten Montag morgen zum
Arzt und läßt sich für drei Tage krankschreiben. Bei Hasen-

kopf ruft der Mitarbeiter an und sagt: „Hallo Chef, ich habe einen Brummschädel, ich komme heute nicht, und da ich noch Zeit guthabe und im Betrieb nichts Eiliges anliegt, komme ich überhaupt erst wieder am Donnerstag." Und der Chef antwortet: „Prima, in Ordnung, schöne Tage, und dann bis Donnerstag."

Skeptiker haben Visionen von eiligen Aufträgen an sonnigen Tagen, und alle Mitarbeiter wollen genau an diesem Tag ins Freibad. „Das sind Theorien, so etwas kommt bei uns normalerweise nicht vor", sagt Hasenkopf. Es hätte schließlich jeder ganz individuelle Bedürfnisse. Manche wollten nur freihaben, um sich um die Kinder kümmern zu können. Andere machen nebenbei eine Fortbildung, der nächste renoviert die Wohnung, und wieder ein anderer geht nur zum Friseur. In der Praxis wollten nie alle gleichzeitig zum Baden gehen. Nur etwa drei- bis viermal pro Jahr gebe es bei ihm den Fall, daß einer morgens anruft und sagt, er wolle am selben Tag nicht kommen. In der Regel würden die Frei- und Arbeitszeiten vorher mit dem Meister und den Kollegen abgesprochen.

Was vorkommt, sind ganz andere Fälle. Ein typisches Beispiel: Eine Vollzeitmitarbeiterin bekommt ein zweites Kind und reduziert ihre Ganztagsstelle auf eine Viertelstelle. Sie spricht mit ihrem Mann und der Firma ab, wann sie arbeitet und wann sie zum Teil wochenlang zu Hause bleibt. Auf diese Weise verdient sie jeden Monat gleichbleibend ein wenig für die Familie dazu, bleibt ins Firmengeschehen integriert und kann sich trotzdem ausreichend und flexibel um ihre Kinder kümmern. Inzwischen sind die Kinder 8 und 10 Jahre alt, und die Mitarbeitern arbeitet nun wieder zu 75 Prozent Vollzeit. Das Thema „Wiedereinstieg in den Beruf" gab es bei ihr nicht, weil sie nie ausgestiegen war. Gleichzeitig blieb der Firma eine wertvolle, gut eingearbeitete Mitarbeiterin über Jahre erhalten. Kaum einer kündigt bei Hasenkopf freiwillig.

Kein Wunder, denn in welcher Firma kann man sich sogar über 1000 Stunden Zeitguthaben ansparen, um dann in Eigenleistung sein Haus zu bauen? Auch ein sechswöchiger Trip durch Amerika ist kein Problem. Man spart einfach Zeit, indem man öfter mal „Hier!" schreit, wenn länger arbeiten gefragt ist. Überstunden abends oder am Wochenende werden übrigens einmal im Monat mit 20 Prozent Zeit vergütet. Zehn Überstunden ergeben somit zwölf Freistunden.

Ein Mitarbeiter wollte gerne seine Mutter zu Hause pflegen, als diese schwer krebskrank wurde und abzusehen war, daß sie bald sterben würde. Auch das war kein Problem. Der Mitarbeiter vereinbarte mit Hasenkopf, daß er als Halbtagsangestellter angemeldet blieb. Er bekam regelmäßig sein Halbtagsgehalt überwiesen, während er real aber ein halbes Jahr lang zu Hause blieb und die Mutter bis zu ihrem Ende pflegte. Er überzog einfach monatlich sein Zeitkonto um 80 Stunden (= Halbtagsstelle), denn auch Überziehen ist bei diesem Modell möglich. Als er schließlich wieder zur Arbeit kam, blieb er noch ein halbes Jahr lang halbtags angestellt, arbeitete jedoch ganztags. Damit glich er sein Zeitkonto wieder aus und bezog dann wieder sein normales Ganztagsgehalt.

Auch in noch ungewöhnlicheren Fällen kommt Hasenkopf seinen Angestellten entgegen. Eine Mitarbeiterin stand durch Scheidung und Arbeitslosigkeit des Exmanns auf einmal hochverschuldet da und konnte nicht einmal mehr die monatlichen Zinsen vollständig aufbringen, wodurch der Schuldenberg wuchs, statt sich abzubauen. Schließlich kamen die Gerichtsvollzieher in die Firma und wollten ihr das Gehalt pfänden. Zeit für Herrn Hasenkopf senior einzuschreiten. Er rief bei dem betreffenden Geld-institut an (das 18 Prozent Zinsen verlangte) und teilte diesem mit, er müsse diese Mitarbeiterin leider entlas-sen. Durch die Scheidung und den vielen Ärger habe sie so nachgelassen, daß ihre Leistung nicht länger akzepta-bel sei. Es gebe daher nichts mehr zu pfänden, da sie ja kein Gehalt mehr beziehe. Da ihm diese Mitarbeiterin jedoch jahrelang so treue Dienste geleistet hätte, sei er bereit, ein Viertel ihrer Schulden zu übernehmen, unter der Voraussetzung, daß das Geldinstitut den Kredit damit auflösen und als bereinigt ansehen würde.

Das Institut sah natürlich alle Felle davon schwimmen, wenn die betreffende Dame auch noch arbeitslos würde, und so nahm es das Angebot bereitwillig an. Hasenkopf indes dachte gar nicht daran, die Mitarbeiterin zu entlas-sen, sondern gab ihr selbst einen privaten Kredit über das bezahlte Viertel. Allerdings ohne Wucherzinsen, und die Rückzahlungsraten ließ er sie überdies selbst bestim-men. Der Mitarbeiterin fiel natürlich ein Stein vom Her-zen. Dadurch stabilisierte sich ihr emotionaler Zustand wieder, so daß sie auch wieder konzentriert und zuver-lässig mitarbeiten konnte. Und so war wieder einmal al-len geholfen.

Solche Geschichten gibt es in der Firma Hasenkopf vie-le, und sie genau bewirken, daß das Modell funktioniert. Letztlich ist es wie in einer guten Ehe. Beide Parteien müssen sich anpassen, und es gilt abzuwägen, wessen Bedürfnisse gerade die dringenderen sind und zuerst er-füllt werden müssen. Wenn ein Auftrag sehr eilig ist, dann bleiben auch mal Leute länger da, die eigentlich frei-nehmen wollten. Und wenn die Kinder eines Mitarbeiters krank sind, dann kann er auch mal wegbleiben, obwohl viel zu tun ist.

Auf dieser Basis des gegenseitigen Vertrauens entsteht bei gleichzeitiger Produktivitätssteigerung ein Betriebsklima, das man sich erst vorstellen kann, wenn man es selbst erlebt hat. Niemand hütet mehr Geheimnisse, um an seinem Platz unersetzlich zu sein. Im Gegenteil, er arbeitet von ganz allein gerne andere Kollegen ein, damit sie bei Bedarf jederzeit für ihn einspringen können.

Weniger Überstunden und mehr Gewinn

Hasenkopf hat mit Geldern der EU und des Bayerischen Sozialministeriums in drei Jahren eine Studie erstellt, in der er alle Details seines Zeitkontenmodells erfaßt hat. In circa 150 Betrieben hat er sein Modell vorgestellt und eingeführt. Bei 20 davon haben Mitarbeiter und Diplomanden die sich daraus ergebenden Entwicklungen der entsprechenden Firmen genauestens erfaßt. Eines dieser 20 Unternehmen hatte z. B. vor der Einführung des Zeitkontenmodells 1995/96 mit 48 Mitarbeitern und bei 4383 Überstunden einen durchschnittlichen Umsatz von 10,4 Millionen Mark erzielt. Anderthalb Jahre später lag der Durchschnittsumsatz bei immer noch 48 Mitarbeitern und nur noch 3554 Überstunden bei 11,6 Millionen Mark. Das heißt konkret: Bei derselben Mitarbeiterzahl wurde mit weniger Überstunden auf einmal 1,2 Millionen mehr Umsatz erwirtschaftet.

Die Gründe hierfür sind vielfältig. Zum einen kann niemand auf Dauer gleichbleibend gute Leistung erbringen, wenn er mehr als 40 Stunden pro Woche arbeitet. Das Bonussystem reicht höchstens einige Wochen lang als Motivationsspritze aus, kann aber nicht über den Mangel an Lebensqualität hinwegtäuschen. Ausbezahlte Überstunden verleiten tagsüber außerdem zu längeren Schwätzchen und häufigen Rauchpausen, und abends werden dann „Überstunden gemacht". Wird die Mehrarbeit hingegen nur noch in Freizeit abgegolten, dann verschwinden in kürzester Zeit diese „künstlichen Überstunden".

Beim Zeitkontenmodell tragen die Mitarbeiter weit mehr Verantwortung und können mehr selbst bestimmen. Sie denken mehr für den Betrieb mit, da Effizienz und Überblick im Betrieb ihnen die Möglichkeit sichern, auch über die eigene Freizeit besser entscheiden zu können. Abteilungsleiter und Meister sind ebenfalls voll in dieses Modell integriert. Manche Menschen merken es selbst nicht, aber zuviel Arbeit senkt die Lebensqualität, man vergißt die wirklich wichtigen Dinge im Leben. Wer seine Individualität lebt und ausreichend Freizeit und Privatleben hat, ist im Beruf kreativer, hat mehr Kraft und verhält sich fairer. Deshalb ist es unerläßlich, wirklich alle Mitarbeiter in das System zu integrieren.

Durch die nötig werdenden Absprachen mit allen Kollegen und durch das langsam wachsende gegenseitige Vertrauen steigt auch die Motivation weit mehr an, als dies vorher für manchen Unternehmer vorstellbar ist. Doch nur so läßt sich die enorme Produktivitätssteigerung durch das Zeitkontenmodell erklären. „Ich verstehe, daß die anderen es nicht verstehen, denn ich hätte es vorher auch nicht verstanden", sagt Hasenkopf heute dazu. Vieles, was auch er vorher nicht für möglich gehalten hätte, hat er im Laufe der Jahre selbst mit Staunen und Freude herausgefunden.

Kein Risiko mehr bei Neueinstellungen

In einem herkömmlichen Betrieb ist es für den Unternehmer oft schwer zu entscheiden, wann Neueinstellungen wirklich nötig sind. Auch damit ist Schluß, denn beim Zeitkontenmodell werden erst dann neue Mitarbeiter eingestellt, wenn ihre Arbeit bereits getan ist. Ein konkretes Beispiel: Viele Betriebsleiter fürchten, die Arbeitnehmer könnten die Situation ausnutzen und ständig 50 Stunden minus auf ihrem Zeitkonto führen. Dann hätte ein Unternehmer mit einem Betrieb von 80 Leuten 4000 Stunden Arbeitsleistung schon bezahlt, die noch gar nicht erbracht sind.

Real ist Hasenkopf zufolge aber eher das Gegenteil. Die Mitarbeiter behandeln ihr Zeitkonto ähnlich wie ihr Geldkonto. Sie möchten immer etwas in Reserve haben, für den Fall, daß sie „plötzlich etwas brauchen". Und so haben sie im Schnitt alle 70 bis 80 Stunden plus auf ihrem Konto.

Bei Hasenkopf stehen im Schnitt jeden Monat 7000 bis 8000 Stunden plus auf dem Gesamtzeitkonto der Firma. Die Mitarbeiter haben also 7000 bis 8000 Stunden im voraus erbracht, um bei Bedarf jederzeit freinehmen zu können. Das ist die Menge an Plusstunden, die sie gerne in Reserve haben möchten. Wenn jedoch am Monatsende auf einmal 9000 Stunden plus auf dem Konto stehen, dann weiß Hasenkopf, daß die Mitarbeiter mehr gearbeitet haben, als sie eigentlich möchten, und er stellt jemand Neues ein. Die Arbeitsstunden, für die der neue Mitarbeiter bezahlt wird, sind dann eigentlich schon geleistet. Der Neue wird eingestellt, damit die anderen freinehmen und ihre Plusstunden wieder abbauen können.

Das bedeutet ganz klar ein Nullrisiko für den Unternehmer. Er stellt ja nur dann jemanden ein, wenn dessen Arbeitsleistung schon erbracht ist, wenn also definitiv mehr Arbeitskräfte gebraucht werden. So steht ihm stets eine Meßlatte zur Verfügung, an der er präzise ablesen kann, wie viele Mitarbeiter gebraucht werden. 1998 hat Hasenkopf auf diese Weise 15 neue Leute eingestellt. Dabei ging er keinerlei Risiko ein, da die Arbeit ja immer schon getan war.

Im Schnitt erwirtschaftet er jährlich eine halbe Million mehr Gewinn als ein konventionell geführtes Unternehmen seiner Größenordnung. Was tut er mit dem vielen Geld? Ganz einfach: Er hat ein zweites Unternehmen gegründet, das hochwertige Waschbecken, Duschen und Küchen aus Corian herstellt – ein Gemisch aus Naturstein und Acryl. Hasenkopf hat dafür in modernste, teure Maschinen investiert, um das Material optimal bearbeiten zu können. Das Risiko konnte er sich leisten. Nun besitzt er also ein zweites, gut funktionierendes Werk, das gleich neben den „Schubladenhallen" steht.

Mit dem Zeitkonto gegen Arbeitslosigkeit

Der Studie von Didymus Hasenkopf zufolge lassen sich mit dem Zeitkontenmodell bei gleichem Personalstand innerhalb von anderthalb Jahren der Umsatz um durchschnittlich 12 Prozent steigern, Krankheitsausfälle um 25 Prozent verringern und bis zu 20 Prozent Überstunden abbauen. In einem 100-Mann-Betrieb würden dadurch drei Neueinstellungen ermöglicht. Wenn nur ein Viertel aller gewerblichen Betriebe diese Chance nutzen würde, könnten mindestens 300.000 Arbeitsplätze geschaffen werden.

Unterstützung für sein Modell erhält Hasenkopf daher von vielen Seiten aus Politik und Wirtschaft, und auch im Ausland ist schon erstes Interesse bekundet worden. Wer mehr über das Jahresarbeitszeitmodell von Didymus Hasenkopf erfahren möchte, kann für 290 Mark die Studie und einen Leitfaden direkt bei ihm erwerben. Darüber hinaus ist es möglich, Hasenkopf vor Ort für persönliche Beratungen und Teambesprechungen mit der ganzen Firma zu den in der Wirtschaft üblichen Tagessätzen zu buchen. (Kontaktadresse siehe Anhang)

Zum Scheitern kommt es Hasenkopf zufolge bei dem Zeitkontenmodell selten. Aber wenn, dann sind die Betriebe meist zu groß, zu starr und zu schwerfällig. Da wird das Modell dann oft nur halbherzig angewandt. Man erwartet 100 Prozent Flexibilität vom Mitarbeiter, läßt aber Pluszeiten verfallen, wenn sie nicht bis zum März des Folgejahres aufgebraucht sind, was dann wiederum wegen der Auftragslage nicht möglich ist. Hier fühlt sich der Mitarbeiter zu recht betrogen. Vorgeschriebene Grenzen nach oben und unten auf dem Zeitkonto sind letztlich ein Zeichen für Vertrauensmangel.

Gilt das Zeitkonto nur für die kleinen Angestellten und nicht für den Abteilungsleiter, dann kann dieser den „neuen Geist" und das neue Lebensgefühl nicht weitergeben, und es wird ihm bei den Absprachen an Fairneß mangeln.

Das Modell ähnelt im Grunde einer lebendigen Beziehung: Bei zu vielen Regeln oder solchen, die nur für eine Seite gelten, kommt es bald zur Scheidung bzw. zum Scheitern des Modells, denn dieses funktioniert nur, wenn es auf der menschlichen Ebene ernst gemeint ist.

Bei Didymus Hasenkopf funktioniert es seit 15 Jahren einwandfrei, und da er seinen Mitarbeitern vertrauen kann, hat er Zeit und Muße, sich auch in der Politik oder bei Vortragsreisen zu engagieren. In seinem Betrieb ist es unnötig, ständig allen auf die Finger zu schauen. Aber diesen Idealzustand muß man sich zunächst erarbeiten. Es reicht für einen gelungenen Einstieg ganz sicher nicht aus, wenn man nur einen Artikel liest und dann schon Zeitkonten einführt. Man muß das Modell in jedem Betrieb den individuellen Erfordernissen anpassen und alle Bedenken auch mit den Mitarbeitern durchgehen, denn *sie* sind es schließlich, die es ganz entscheidend mittragen müssen. Wenn die Mannschaft dagegen ist, dann hat die Einführung keinen Sinn.

Manchmal, sagt Hasenkopf, komme er in Unternehmen, in denen man regelrecht spüren könne, daß 50 Prozent der Angestellten innerlich schon gekündigt haben. Dann kann es für die Einführung des Zeitmodells schon zu spät sein, oder aber es wären zu umwälzende Änderungen in der Betriebsführung nötig, zu denen man dort nicht oder noch nicht bereit ist.

Viele Firmen führen auch eine Art „Softlösung" ein. So gibt es bei einigen Großkonzernen zwar inzwischen auch Zeitkonten, aber jeweils 80 Stunden plus und 50 minus sind die äußersten Grenzen. Auch gilt das übliche Verfallsdatum 31. März des Folgejahres. Und aufgezeichnet werden die Stunden per Stechuhr. Im Grunde handelt es sich in so einem Fall nur um eine leicht erweiterte Gleitarbeitszeit, die die Mitarbeiter zwar sicherlich als angenehm empfinden und die vielleicht die Fluktuation etwas senkt, die aber für größere Umwälzungen in der Unternehmensstruktur nicht ausreicht.

Wer Produktivitätssteigerungen und erhöhte Gewinne einfahren möchte, der muß sich für das ganze Modell und nicht nur für das halbe entscheiden.

16 Das Geheimnis der Motivation

Neulich hatte ich Gelegenheit, einen Vortrag des Unternehmensberaters Prof. Dr. Dr. Wolfgang Berger zu hören. Er referierte über „Business Reframing®", eine Technik zur inneren Neuausrichtung von Firmen. Sie gehört zu den mittlerweile immer zahlreicher werdenden Lichtblikken in der Unternehmensberatung, und sie vermittelt so viele geniale und ganzheitliche Einblicke und Einsichten, daß ich dem Thema ein längeres Kapitel in diesem Buch widmen möchte.

Zwar stellt Business Reframing® genaugenommen gar nichts Neues dar, denn je mehr man seiner gesunden Intuition folgt, desto mehr kommt man von ganz allein zu denselben Ergebnissen. Was den Entdecker jedoch auszeichnet, ist seine gelungene Sammlung von „Futter für den Verstand", damit der Mensch sich erlauben kann, die innere Neuausrichtung auch umzusetzen. Abgeleitet hat er seine Erkenntnisse u.a. aus revolutionären neuen Forschungsergebnissen der Neurologie, der Biologie und der Teilchenphysik.

Berger war neun Jahre lang Professor für Betriebswirtschaftslehre und 20 Jahre als Manager in Europa, Amerika und Asien tätig. Wie er für sich herausgefunden hat, **hängen Leichtigkeit, Perfektion und Erfolg bei der Arbeit davon ab, daß man sich nicht allein auf den bewußten Verstand verläßt. Der Verstand will nur deshalb mit logisch klingenden Daten gefüttert werden, damit er die Intuition auch zulassen kann.**

Im Zusammenhang der wünschenswerten Unternehmensziele spricht Berger von humaner, ökonomischer und ökologischer Nachhaltigkeit. Wobei sich die ökonomische Nachhaltigkeit von ganz allein ergibt, wenn man sich um die menschliche und ökologische Seite ausreichend kümmert.

Ein Malerbetrieb konnte durch Business Reframing® in seinem Betrieb in Hessen eine Produktivität von 172.000 Mark pro Mitarbeiter erreichen (der Branchendurchschnitt liegt bei 115.000 Mark), und das bei Lohnkosten von nur 46 Prozent (branchenüblich sind 60 Prozent). Er hat damit seinen Gewinn von branchenüblichen 1,5 Prozent auf 7,5 Prozent gesteigert! Wie hat er das gemacht?

Der „mordlustige" Manager

Um zu verstehen, wie diese extremen Steigerungen zustande gekommen sind, muß man zunächst kurz den derzeitigen Ist-Zustand in deutschen Unternehmen beleuchten. Berger war einmal bei der Abschiedsfeier eines leitenden Angestellten dabei, der 40 Jahre in einem großen Unternehmen tätig war. Nach den ganzen Lobreden auf den Mitarbeiter fragte Berger den zukünftigen Pensionär, ob er in den 40 Jahren seiner Betriebszugehörigkeit nicht manchmal auch an „Scheidung" (vom Unternehmen) gedacht hätte. „Nein, an Scheidung nie", war die Antwort, „aber an Mord."

Dieser Kommentar gab Berger zu denken. Eine Führungskraft kostet in der Regel nicht eben wenig. Wie viel mehr hätte der Mann dem Unternehmen einbringen können, wenn er die ganzen 40 Jahre lang ein motivierter Mitarbeiter gewesen wäre? Und wie viel unnütze Gelder mag sein Frust das Unternehmen wohl gekostet haben?

Berger forschte weiter. Bei einem Vortrag vor den obersten drei Führungsebenen eines der größten Unternehmen in Deutschland erzählte er die Geschichte vom „mordlustigen" Manager. Er fragte die zuhörenden Topmanager, was sie persönlich glaubten, wie viele ihrer Mitarbeiter in Gedanken „Mord" an der Firma begingen. Per Handzeichen ließ er sich anzeigen, wie viele meinten, es seien 5 Prozent frustrierte Mitarbeiter oder 10 Prozent usw. bis hinauf zu 100 Prozent frustrierte Mitarbeiter. Die Schätzungen lagen durchschnittlich bei 50 Prozent! In einem der größten Unternehmen Deutschlands gehen die Topmanager also davon aus, daß 50 Prozent ihrer Mitarbeiter das Unternehmen hassen!

Scheinbar funktioniert dieses Unternehmen nicht wegen, sondern TROTZ seiner Führungskräfte. Denn bei solch einem Betriebsklima hat das Management versagt. Laut Berger besteht die Aufgabe einer Führungskraft keineswegs darin zu planen, zu entscheiden, zu kontrollieren und mit Vorgaben und Druck Dinge zu erzwingen. Die Aufgabe besteht statt dessen darin, das Unternehmen durch Resonanz auf eine gleiche innere Frequenz einzustimmen. Manager sollten die Bedingungen schaffen, die Erfolg anziehen. Statt mit Druck sollten sie mit Sog arbeiten. Wie das funktionieren kann, werden wir noch sehen. Hier zunächst noch einige weitere deutliche und eindringliche Zahlen zum Ist-Zustand unserer Wirtschaft.

Unabhängige Studien gehen nämlich nicht nur von 50 Prozent frustrierten Mitarbeitern aus, sondern davon, daß sogar 75 Prozent aller Angestellten innerlich bereits gekündigt haben und nur deshalb noch an ihrem Arbeitsplatz ausharren, weil sie im Moment keine Alternative sehen.

Business Reframing® strebt an, den Mitarbeitern einer

Firma die Möglichkeit zu geben, durch ihre Arbeit vollkommenen Selbstausdruck und persönliche Weiterentwicklung zu erlangen. Man kann sich leicht vorstellen, was für einen Unterschied es macht, wenn in einem Betrieb statt 75 Prozent lustloser 100 Prozent freudig arbeitender Menschen sitzen. So ein Unternehmen ist nicht mehr zu bremsen.

Kaum zu bremsen sind derzeit aber eher die Verluste durch Mißmanagement. Dazu ein eindrucksvoller Vergleich: Zahlen des Bundeskriminalamtes zufolge entsteht durch Raubüberfälle jährlich ein Schaden von etwa 49 Millionen Mark. Den Schaden, der durch Wirtschaftskriminalität im Topmanagement angerichtet wird, schätzen Wirtschaftsprüfer auf den nahezu tausendfachen (!!!) Betrag!

Millionen von Managern führen sich auf wie die Vandalen und fühlen sich auch noch toll dabei. Wobei dieses Verhalten oft nur eine Flucht nach vorn ist und ein Strudel, in den Menschen geschlossen hineingeraten sind, die nun keinen Ausweg mehr wissen. Bis zu dem Tag, an dem ihnen irgendwer ihre Schöpferkraft wieder bewußt macht und ihnen verdeutlicht, daß sie diejenigen sind, die die Umstände, in denen sie leben und arbeiten, selbst kreieren.

An einem Beispiel möchte ich demonstrieren, wie scheinbar ausweglos eine Situation für einen Mitarbeiter oder die oben genannten betrügerischen Manager sein kann, wenn sie sich als Opfer der Umstände sehen und sich zu machtlos fühlen, um diese selbst zu ändern. Business Reframing® lehrt daher mit an erster Stelle, wie man Umstände, die einem nicht gefallen, selbst ändert, denn sonst ändern sie sich nie. Selbst etwas ändern können aber nur Menschen, die einen Sinn in ihrem Tun sehen und die ihr Selbst darin vollständig verwirklicht sehen. Soviel vorab. Hier das Beispiel:

Vor 15 Jahren habe ich per Zufall durch einen ehemaligen Kollegen einen etwas tieferen Einblick in die Vorgänge einer großen Kaufhauskette in Deutschland nehmen können. Inzwischen hat sich auch dort einiges geändert, wie mein Bekannter mir unlängst berichtete. Aber hier zur Verdeutlichung der oben genannten Zahlen zur Wirtschaftskriminalität die Zustände von damals.

Firmendiebstahl auf höchster Ebene

In diesem Kaufhaus wurde nämlich sagenhaft viel gestohlen. Es klauten aber keineswegs die Kunden so viel; der absolute Löwenanteil wurde von den Mitarbeitern selbst entwendet. Es gab zwar Detektive, die beim Nachhausegehen die Tüten aller Angestellten kontrollierten. Die kleinen Verkäufer wußten sich aber zu helfen, indem sie sich selbst Kassenbons ausstellten, diese hübsch ordentlich in ihre Einkaufstüte packten, und als nächstes wurde einfach frisch-fröhlich ein Storno über diesen Betrag in die Kasse getippt (mit dem heutigen Kassensystem ist das nicht mehr möglich). Oder man stellte sich gegenseitig Quittungen von Hand aus. Oder das Preisetikett einer Ware für 120 Mark wurde entfernt und mit einem Sonderangebotsschild über 20 Mark überklebt. Bezahlt wurden dann nur diese 20 Mark. Immer noch ein gutes Geschäft.

Doch auch das war alles nur Kleckerkram. Weiter oben in der Hierarchie ging es da ganz anders zu. Sämtliche Abteilungsleiter und Detektive hatten sich zu einem gemeinsamen Diebesring zusammengeschlossen. Das sah in der Praxis so aus, daß morgens um 8 Uhr (das Haus wurde um 9 Uhr geöffnet) die Abteilungsleiter ihre Wunschzettel in der Lebensmittelabteilung abgaben, und kurz vor 9 übergab der dortige Abteilungsleiter ihnen ihre prall gefüllten Tüten. Preis: null Komma null Mark. Das war die allmorgendlich übliche kleine Gefälligkeit.

Für die restlichen Abteilungen war eine leicht modifizierte Vorgehensweise üblich. Man schickte seine Lehrlinge durchs Haus und ließ sich von den Abteilungsleiterkollegen „Auswahlsendungen" zusammenstellen. Soweit so gut und auch in Ordnung. Nur, daß man dann die Dinge, die man behielt, ebenfalls nie bezahlte.

Neue Kollegen, die glaubten, „ehrlich" bleiben zu können, wurden schnell desillusioniert. Die Geschäftsleitung war an diesem System nämlich ebenfalls beteiligt, und wer nicht mitmachte, konnte bereits in der Probezeit seinen Hut nehmen.

Nun gab es aber natürlich auch noch eine Konzernleitung. Von dort wurde vorgegeben, daß es am Jahresende nicht mehr als 4 Prozent Inventurminus geben dürfe. Das heißt, in keiner Abteilung durften mehr als 4 Prozent der Waren gestohlen werden. Vorgabe von oben. Die Kunden klauten sicherlich auch nicht mehr als 4 Prozent, aber die Mitarbeiter des Hauses ließen eben noch mal mindestens 10 Prozent zusätzlich mitgehen. Was tun?

Ganz klar, auch das lernten die neuen Kollegen, die ihren Job behalten wollten, schnell. Und das ist alles Wahrheit und mitten in Deutschland geschehen, keineswegs im düsteren Sizilien, wie vielleicht manch einer meinen könnte. Um das Inventurminus auszugleichen, mußte man die Buchhaltung fälschen. Wenn man beispielsweise 1000 Taschen für 50 Mark eingekauft und für 100 Mark verkauft hatte, dann schrieb man einfach in der Buchhaltung, man hätte diese 1000 Taschen für nur 75 Mark verkauft. Dadurch hatte man schon mal 25.000 Mark gut.

Heute ist auch das so nicht mehr möglich. Geschäftsführer solcher Häuser sind nämlich in die Konzernspitze aufgestiegen und haben derartige Betrügereien durch Computerisierung und genaue Datenerfassung unmöglich gemacht. Damals jedoch, vor der totalen Computerisierung, war diese Art des Fälschens der Inventur ein Muß, dem man sich beugen mußte. Wenn man mit einer Inventurdifferenz von 6 Prozent ankam, dann weigerte sich die Geschäftsleitung allen Ernstes, ein solches Ergebnis anzunehmen. Sie hätten damit ja Probleme gegenüber dem Gesamtkonzern bekommen. Solch ein Abteilungsleiter bekam zu hören: „Wenn Sie Ihren Job behalten wollen, dann sollten Sie diese Zahlen noch einmal überdenken."

Einer der Kollegen war in einem Jahr ein wenig übereifrig. Er fälschte die Zahlen zunächst nach Gefühl, und als er am Schluß die Inventur seiner Abteilung abschloß, kam ein Plus von 150.000 Mark dabei heraus. Er hatte die Sache mit den nach unten gefälschten Verkaufspreisen etwas übertrieben. Dennoch gab er diese Inventur genau so bei der Geschäftsleitung ab. Sie wurde kommentarlos akzeptiert, da sie das Gesamtergebnis des Hauses verbesserte. Konkret bedeutet ein Inventurplus von 150.000 Mark ja auch nichts anderes, als daß die Kunden dieser Abteilung Waren für 150.000 Mark GEBRACHT haben. Warum auch nicht, so etwas passiert ja alle Tage. Die Kunden kommen und bringen Waren! Bei einer Betriebsprüfung müßte so etwas an sich den allergrößten Krach geben. Es sei denn, der Betriebsprüfer brauchte vielleicht gerade einen neuen Kühlschrank, und die Geschäftsführung hätte ihm diesen, handlich verpackt, zum Tee dazu serviert.

All das ist, wie gesagt, im Zeitalter der computergesteuerten Überwachung so nicht mehr möglich. Aber ich bin mir fast sicher, daß es heute andere Mittel und Wege der

Wirtschaftskriminalität gibt. Mein Bekannter von damals hüllt sich über die diesbezüglichen neuen „Techniken" in Schweigen, um Kollegenschelte zu vermeiden, wie er sagt.

Kommen wir nun zur konkreten Umsetzung von Business Reframing® in der Praxis.

Business Reframing® in der Praxis

„Wenn Sie denken, wie sie immer gedacht haben, und handeln, wie sie immer gehandelt haben, dann werden Sie auch nur das bewirken, was Sie immer bewirkt haben", lautet einer von Bergers Leitsätzen. Wenn er Business Reframing® in einem Unternehmen einführt, hält er zunächst einen einleitenden Vortrag vor allen Mitarbeitern. Danach können sich bei der Geschäftsleitung diejenigen melden, die gerne beim „Reframen" (Neuausrichten) des Unternehmens mitmachen möchten.

Wie bei einem Laserstrahl, bei dem nur 7 Prozent des Lichts gleichgerichtet werden müssen, um alle anderen Strahlen magnetisch anzuziehen, so müssen auch beim Business Reframing® nur 7 Prozent der Mitarbeiter eines Unternehmens mitmachen und im Einklang schwingen, um den gesamten Betrieb automatisch neu auszurichten. Das heißt, nur 7 Prozent der Mitarbeiter müssen am „Reframing" teilnehmen, um dann in der ganzen Firma als Multiplikatoren zu wirken. Diese 7 Prozent müssen jedoch bereit sein, ihre unterbewußten Lebensziele neu zu entdecken und nach Wegen zu suchen, wie sie diese im Unternehmen verwirklichen können. Wer sich für dieses Projekt anmeldet, dem wird übrigens versichert, daß er nicht gekündigt wird, wenn er seine geheimen Berufswünsche preisgibt, damit er sich sicher fühlt und sich auch wirklich ganz auf das Neue einlassen kann.

In einer späteren Stufe folgen viele Übungen: zum Lebensziel des einzelnen, zum Sinn seiner Arbeit, zu der Gefahr von Gewohnheiten, zur Macht unserer Gedanken, zur Arbeit im Team, zum Lösen von Konflikten, zum Verhalten bei Fehlern. Freude, Würde und Sinn bei der Arbeit werden als zentrales Anliegen herausgestellt und die Erfahrungen der Mitarbeiter als größtes unternehmerisches Kapital anerkannt. Wie das im Einzelfall aussieht, demonstriert das folgende Beispiel:

In der Wertpapierabteilung einer Bankfiliale gab es einen besonders tüchtigen Angestellten, der Spitzenumsätze erzielte. Bei der ersten Reframing-Klausur gab er als sein Lebensziel an, daß er gern irgendwann seine eigene Agentur gründen würde. Berger nahm daraufhin die drei Vorstandsmitglieder der Bank beiseite und stellte sie vor zwei Alternativen. Die erste lautete: „Entweder Sie schauen machtlos zu, wie dieser Mitarbeiter irgendwann kündigt – denn alle vordergründige Motivation der Welt wird hier auf Dauer nicht helfen. Mit Geld und Prämien können Sie ihn allenfalls noch eine kurze Zeit halten. Denn damit kaufen Sie ihm seinen Selbstausdruck und sein Lebensziel ab. Das geht auf Kosten der Freude bei der Arbeit und wird seine Leistung eher senken als heben. Durch Motivationstricks kann man niemanden von seinem wirklichen inneren Ziel abbringen."

Bei der Gelegenheit verteilte Berger einen interessanten Text zum Thema Motivation von Reinhard K. Sprenger. Ihm zufolge setzt Motivation die Annahme voraus, der Mitarbeiter würde von allein nicht genug tun. Jede Motivation ist daher Demotivation, weil sie die Ursachen übergeht. Besser wäre es zu fragen, warum ein Mitarbeiter demotiviert ist – aber die Antworten könnten unangenehm sein. Business Reframing® hält vielleicht die einzig mögliche Lösung überhaupt bereit. Und jeder Mensch, der aus seiner Mitte heraus handelt, weiß es letztlich auch von ganz allein: **Nur wenn Arbeit Selbstverwirklichung ist statt Pflicht, kann man mit Leichtigkeit kontinuierlich gute Ergebnisse erbringen.** Freude statt Druck macht Verantwortung attraktiv, **denn die Möglichkeit zum Selbstausdruck verleiht die höchste Effizienz.** Die Lösung einer *selbstgestellten* Aufgabe oder die Überwindung von Widerständen ist dann mit Lust verbunden. Ohne dies wirkt alles Motivieren nur noch demotivierender.

Auch der „Wink mit der Möhre" in Form von Prämien und Boni zeitigt eher kontraproduktive Begleiterscheinungen. Mitarbeiter legen bald eine Abschöpfungsmentalität an den Tag und benehmen sich auf lange Sicht immer mehr wie belohnungssüchtige Kinder, ohne daß die Gesamtqualität der Arbeit je zunehmen würde. Unternehmer, die das Belohnungsspiel lange genug gespielt haben, fragen sich irgendwann, ob „der Fisch die Angel fängt" oder ob wirklich noch sie es sind, die den Mitarbeiter mit Prämien einfangen.

Reinhard K. Sprenger geht in seinem Buch *Mythos Motivation* letztlich sogar so weit zu sagen, Motivation sei die Krankheit, für deren Heilung sie sich halte. **Vor den wirklichen Erfolg haben die Götter den Spaß bei der Arbeit gesetzt"**, lautet seine Devise. Solange das „wahre Leben" der Mitarbeiter erst um 17 Uhr beginnt, entfacht jede Motivation nur ein kurzes Strohfeuer. Eine innere Kündigung hält man mit Geld und Prämien nicht auf.

Zurück zu Berger und den drei Vorstandsmitgliedern, die das Problem des erfolgreichen Mitarbeiters besprachen, der sich irgendwann eine eigene Agentur wünschte. Die Herren konnten Bergers Argumenten durchaus folgen. Halten konnten sie den Mitarbeiter auf Dauer sicher nicht, das sahen sie ein. Berger schlug daher als Alternative Nummer 2 vor, der Vorstand solle diesem Mitarbeiter eine neue Art der Zusammenarbeit anbieten. Die Bank solle ihm seine Agentur eröffnen und prozentual an seinem Erfolg beteiligt bleiben.

Dieser Vorschlag wurde genau so realisiert. Es wurde eine Tochtergesellschaft gegründet, die jener Mitarbeiter leitete und an der er mit 25 Prozent beteiligt war, während die Bank 75 Prozent der Anteile hielt. Der Mitarbeiter hatte dadurch keine eigenen Gründungskosten und zusätzliche Möglichkeiten, die er als Einzelunternehmer niemals gehabt hätte. Das begeisterte ihn so sehr, daß sein Tochterunternehmen innerhalb von zwei Jahren mehr Umsatz erwirtschaftete als das Mutterunternehmen. Ein Beispiel für erfolgreiches Reframen.

Es nutzt allerdings überhaupt nichts, wenn man nur die leitenden Angestellten reframed. 7 Prozent aller Schichten des Unternehmens – vom Pförtner bis zum Geschäftsführer – müssen reframed werden, wenn der neue Geist im ganzen Unternehmen wirksam werden soll.

Wie viele Marktstudien (z.B.: *In Search of Excellence* von Peters und Waterman, siehe Bibliographie) zeigen, sind die erfolgreichsten Unternehmen diejenigen, in denen die Mitarbeiter der untersten Geschäftsebene – also diejenigen, die den direkten Kontakt zu den Produkten und zum Kunden haben – den äußersten Einsatz bringen. Das werden auch sie auf Dauer nur tun, wenn sie an ihrem Arbeitsplatz die Möglichkeit zu vollem Selbstausdruck erhalten. Ihre Lebensziele und -wünsche müssen im Unternehmen genauso umsetzbar sein wie die der leitenden Angestellten.

Dabei ist auch Risikobereitschaft ein wichtiger Faktor. Berger ist jeder Mitarbeiter „suspekt", der nie Fehler macht. Denn dann bestehe der Verdacht, daß er sein volles Potential nicht ausschöpfe. Wer niemals etwas Neues ausprobiere und sich vor Fehlern scheue, der könne auch nie etwas wirklich revolutionär Neues entdecken, glaubt er. Unternehmen, in denen Fehler nicht gern gesehen werden, graben sich damit selbst das Wasser ab, weil sie in Kürze hinter dem Markt herhinken werden.

Darin, daß Fehler verpönt sind, sieht Berger eine der größten Gefahren für die Wirtschaft, die die deutsche Mentalität in sich birgt: „Nicht Sicherheit und Angst, sondern Neugier und Offenheit sind ein fruchtbarer Boden für Innovationen. Ein einziges Mal hat in Deutschland eine Partei bei einer Bundestagswahl die absolute Mehrheit errungen – mit dem Slogan 'Keine Experimente'. In Amerika wäre sie mit diesem Slogan an der Fünf-Prozent-Hürde gescheitert!"

Die Freiheit unperfekt sein zu dürfen, führt zur Perfektion

Eben rief mich noch mein Freund Carsten an, den ihr ja schon in Kapitel 13 kennengelernt habt. Er war mit mir beim Unternehmertag von Prof. Berger, und wir haben gerade noch ein wenig darüber diskutiert. Berger stellt ja unter anderem die These auf, daß man einen Fehler macht, wenn nicht vier Fünftel aller angefangenen Projekte scheitern. Ohne gescheiterte Projekte und ohne Fehler würde man auch nichts Neues dazulernen und nie etwas wirklich Neues entdecken können.

Einerseits mag diese Feststellung sicherlich für viele festgefahrene Unternehmen hilfreich sein. Andererseits aber braucht ein Mensch, der sein inneres Licht entdeckt hat und mit der Universellen Intelligenz zusammenarbeitet, solche Fehler immer weniger. Er ist meines Erachtens noch nicht einmal in der Lage, viele Fehler zu machen, weil er jeweils zuvor eine deutliche Warnung von Innen verspürt. Dadurch kommt man gar nicht erst auf den falschen Kurs, denn die Intuition, das Bauchgefühl oder die innere Stimme zeigen die Abweichung rechtzeitig an.

Walter Russell, das autodidaktische Multitalent, sagte zu seiner Zeit, er habe die Idee des Scheiterns nie an sein Bewußtsein herangelassen. Deshalb sei ihm auch immer alles geglückt. Eines von vielen Beispielen aus dem Leben dieses Genies ist seine erste Portraitbüste. Im Alter von 56 Jahren hatte er zum ersten Mal mit Ton gearbeitet und daraus eine Büste von Thomas Edison erstellt. Es war sein allererstes Bildhauerwerk, und es ist berühmt geworden, genauso wie alles andere, das Russell je angefangen hat.

Carsten sah es zwar genauso wie ich, aber er glaubt, die Sache mit den „erlaubten Fehlern" sei vielleicht ein genialer Trick des Business-Reframing®-Entdeckers Wolfgang Berger. Carsten erinnerte sich an seinen ersten Gruppenunterricht in Tennis, als der Trainer sagte, es gebe zwei Grundregeln bei ihm: Erstens habe jeder 20 Fehler gut, und zweitens werde keiner mit irgendeinem anderen in der Gruppe verglichen. 20 Fehler konnte man in der einen Stunde gar nicht schaffen. Aber dadurch, daß Fehler ausdrücklich erlaubt waren, noch dazu mehr, als man je machen konnte, war man experimentierfreudiger und lernte viel schneller.

Prof. Berger hatte bei seinem Unternehmertag auch von Unternehmensstrukturen aus den Anfängen des Autoherstellers Toyota erzählt:

In den meisten Betrieben mit Fließbändern hat nur der Meister das Recht, das Fließband anzuhalten. Unerwünscht ist es, wenn der Arbeiter selbst das Band wegen eines Fehlers anhält. Läßt ein Fehler sich nicht in der vorgegebenen Zeit am Band beheben, dann muß er in der Endkontrolle gefunden und behoben werden. In vielen Betrieben führt dies dazu, daß das Band trotzdem häufig steht und die Produkte viele Mängel aufweisen, die zum Schluß nachgebessert werden müssen.

Toyota hatte damals, zu Beginn dieser Fertigungsart, eingeführt, daß jeder Arbeiter das Band anhalten darf und das im gegebenen Fall auch wirklich tun soll. Anhalten des Bandes bei Auftreten von Fehlern ausdrücklich erwünscht. Steht das Band still, so eilt sofort ein Team herbei, das untersucht, wo der Fehler entstanden ist und wie sich sein Auftreten zukünftig vermeiden läßt.

Anfangs stand das Band bei Toyota dauernd still. Doch mit der Zeit wurden die Reparaturteams immer schneller darin, Lösungen zu erarbeiten, und nicht viel später wurden die Bänder fast überhaupt nicht mehr angehalten. Obwohl jeder Arbeiter ohne Rücksprache das Recht dazu hatte und auch aufgefordert war, es zu tun, sobald ein Fehler auftauchte. Es tauchten aber kaum noch Fehler auf, und die Nachbesserungsquote war minimal, überhaupt nicht zu vergleichen mit Betrieben, in denen Fehler verpönt sind und nur der Meister das Band anhalten darf.

Die Freiheit, Fehler zu machen, verringert die Fehlerquote – egal um welchen Bereich es geht. **Die Freiheit unperfekt zu sein, führt zur Perfektion.** Somit bin ich wieder einverstanden mit der Theorie, daß Fehler nützlich sind. Je mehr einer sein inneres Licht à la Russell entdeckt hat, desto weniger wird er sie zwar brauchen. Aber sie nicht zu brauchen, ist eine Sache, etwas nicht zu dürfen, eine ganz andere.

Durch Kooperation zu Erfolg und Zufriedenheit

Erinnern wir uns: Wenn wir nur so denken und handeln, wie wir immer gedacht und gehandelt haben, werden wir auch nur das bewirken, was wir immer bewirkt haben.

Ganz krass umgedacht hat der Unternehmer in dem folgenden Beispiel, nachdem Berger ihn beraten hat: Seine Firma lag in einem abgelegenen Dorf mit 300 Einwohnern, und er war der Zulieferer für große und bekannte Kunden, die ihn buchstäblich ausgebeutet haben. Zeichnungen, Toleranzen, Verarbeitungsdetails – alles ist ihm vorgegeben worden, auch der Preis. Er hatte nur die Wahl, zu unterschreiben oder seinen Betrieb zu schließen. Immer wieder hat er sich dem Diktat gebeugt und sich mit jedem Auftrag höher verschuldet. Bis durch ein neues Denken die Vision entstand, die Abhängigkeit von seinen mächtigen Kunden umzukehren. Das hat gut zwei Jahre gedauert. Heute ist dieser Betrieb Branchenführer in Europa und der mit Abstand größte und attraktivste Arbeitgeber der Region. Und seine großen und mächtigen Kunden sind nun von ihm abhängig.

Interessanterweise hat der Zulieferer dies aber nicht durch „heimliche Aktionen" gegen die „bösen" Großkunden erreicht, sondern durch eine neue Form der Kooperation mit ihnen. Er hat nämlich vor seinen Kunden sämtliche Ausgaben und sämtliche Abläufe in seinem Unternehmen offengelegt, dann mit ihnen zusammen neu kalkuliert und nach Alternativen gesucht und sie gefunden. Dadurch begannen die Kunden, sich zu verhalten, als wäre sein Unternehmen auch das ihrige. Und so wurde das Ergebnis durch diese Form der Zusammenarbeit schlagartig optimiert und ein sensationeller Wandel bewirkt.

Darwin ist mit seiner Theorie, daß nur der Stärkere überlebt, in fast allen Bereichen längst widerlegt. Die Natur funktioniert, wie man heute weiß, auf der Basis von Kooperation. Dies läßt sich in der eigenen Familie ebenso beobachten wie in einem Unternehmen. Berger führt hierzu ein schönes Beispiel aus der Natur an:

Wenn die Zugvögel im Herbst nach Süden ziehen, fliegen sie in einer V-Formation. Mit jedem Flügelschlag produziert der eine Vogel einen Aufwind für denjenigen, der ihm unmittelbar folgt. Diese Flugformation erhöht die Reichweite des Vogelschwarms um mehr als 70 Prozent gegenüber der Entfernung, die ein einzelner Vogel zurücklegen könnte.

Das gilt für Wirtschaftsbetriebe genauso, wie das folgende Beispiel eines Unternehmens zeigt, das sich von Berger reframen ließ:

Seit einigen Jahren schickt diese Firma ihre Ingenieure erst einmal für zwei Jahre in die Produktion, ehe sie in den Vertrieb kommen. Früher war oft folgendes passiert: Ein Vertriebsmitarbeiter hatte einen neuen Kunden aufgetan, der einen eiligen Auftrag anzubieten hatte. Da der Vertriebsmitarbeiter nicht wußte, ob die Produktionsabteilung diesen Auftrag zeitlich auch wirklich schaffen würde, rief er beim Chef der Firma an. Der rechnete sich den Gewinn aus, sagte ja und informierte die Produktion, daß ein eiliger Auftrag hereingekommen sei. Die Leute dort mußten Überstunden machen und waren verständlicherweise stinksauer.

Ganz anders sieht es aus, wenn der Vertriebsmitarbeiter die Schwierigkeiten, das Arbeitsleben und die Kollegen in der Produktion aus eigener Erfahrung kennt. Wenn heute ein neuer Kunde mit einem eiligen Großauftrag kommt, ruft er nicht mehr den Chef der Firma an, sondern er telefoniert gleich mit der Produktion und sagt dort zu seinen ehemaligen Kollegen: „Leute, hört mal, ich habe hier den und den Auftrag. Der Kunde hätte gern den und den Termin. Könntet ihr mal schnell durchrechnen, ob das für euch machbar ist? Ich rufe in zwei Stunden wieder an." Klar, machen die Kollegen, keine Frage. In den zwei Stunden geht der Vertriebsmitarbeiter mit dem neuen Kunden essen und ruft dann wieder in der Produktion an. Die melden dann vielleicht: „Also, der Termin, den du genannt hast, der geht auf keinen Fall. Aber wenn wir dieses so und jenes so drehen, dann ginge es zwei Wochen später."

Der Kunde wird dann gefragt, und meistens ist er einverstanden, weil er den Eindruck hat, daß bei seinem neuen Lieferanten solide geplant wird und Termine auch wirklich eingehalten werden. Vorteil: Der Chef wird für diese Aktion überhaupt nicht gebraucht, und er spielt nicht den Buhmann in der Produktion. Die Produktion wiederum fühlt sich nicht übergangen, sondern hat selbst, in Zusammenarbeit mit ihrem ehemaligen Kollegen besprochen, was möglich ist, und alle sind zufrieden.

Soweit ein kleiner Überblick über das, was mit Business Reframing® möglich ist. Integrität, Menschlichkeit, Toleranz und Freiraum für Kreativität spielen dabei die wichtigste Rolle.

Im folgenden Kapitel habe ich die Ratschläge und Anregungen verschiedener anderer Unternehmensberater und Wirtschaftsexperten zusammengefaßt, die die bisher aufgezeigten Ansätze gut ergänzen.

17

Durch Innovationen
auf Erfolgskurs

Wie wir an einigen Beispielen in diesem Buch bereits gesehen haben, liegt auch im Mut, unkonventionelle Wege zu beschreiten, ein großes Erfolgsgeheimnis. Wer nur nachkaut, was andere vorkauen, kann nicht kreativ und damit innovativ sein. Nur wer Neues denkt, wird Neues entdecken. „Ich habe zuerst einmal alles in Frage gestellt, was ich je gelernt habe. Dann konnte ich Neues entdecken", sagte mir einmal der amerikanische Atomphysiker Prof. Merkl, der bereits über 400 internationale Patente angemeldet hat.

Die größten Innovationen in der Geschichte wurden übrigens von Laien gemacht. Dazu einige Beispiele aus den Anfängen der Elektrizität, die dies belegen. Entnommen habe ich sie dem Buch *Unterdrückte Entdeckungen und Erfindungen* von Armin Witt (leider vergriffen):

André Marie Ampère und Michael Faraday werden heute in den Nachschlagewerken als die hervorragenden Köpfe genannt, die die Gesetzmäßigkeiten der Elektrizität entdeckt und damit deren heutige Grundlagen geschaffen haben. Was man allerdings selten liest, ist, daß beide keinesfalls das waren, was man sich damals oder heute unter einem angesehenen Wissenschaftler vorstellen würde. Ampère war ein kleiner Revolutionär, der 1789 den Sturz des Adels begrüßte, und Faraday war der Sohn eines Schmiedearbeiters. Er wurde der „bedeutendste Naturforscher aller Zeiten", obwohl ihm zu seiner Zeit aus akademischen Kreisen lediglich Dilettantismus attestiert wurde. Schließlich war er nur Laufbursche in einer Buchhandlung und Buchbinderlehrling. Welcher Akademiker hätte die Selbststudien Faradays da ernstgenommen?

1752 hielt Benjamin Franklin, ein Bergmann und Buchdrucker, vor der Royal Society einen Vortrag darüber, wie man mit einer Eisenstange die atmosphärische Elektrizität von Gewitterblitzen ableiten könne. Die gelehrten Wissenschaftler lachten auch diesen „Dummkopf" aus und weigerten sich, „derart sinnloses Zeug" in ihrem Mitteilungsblatt abzudrucken. Als es dem Arzt Luigi Galvani 1791 mit seiner Schrift „Abhandlung über die Kräfte der Elektrizität bei der Muskelbewegung" ähnlich erging, soll er geäußert haben: „Ich werde von zwei verschiedenen Parteien angegriffen, von den Gelehrten und von den Dummen. Den einen wie den anderen bin ich ein Spott, und dennoch weiß ich, daß ich eine Naturkraft entdeckt habe". Auch Ohm, nach dem heute die Maßeinheit für den elektrischen Widerstand benannt ist, wurde zu seiner Zeit verspottet.

Nikola Tesla ist ein weiteres Beispiel in dieser Reihe. Er war zwar kein Laie, wurde aber als Wissenschaftler für seine Entdeckung des Wechselstroms zunächst von allen ausgelacht und von seinem Konkurrenten Edison bis aufs Blut bekämpft. Inzwischen basiert unsere gesamte Technik und Industrie auf Wechselstrom.

Heutzutage geht es in der Welt nicht viel anders zu. Da stehen Erfinder mit patentierten und praxiserprobten Konzepten für eine neue Technik im Einklang mit der Natur in den Startlöchern, und Wissenschaft und Industrie lachen nur darüber und wollen nichts davon wissen. Denn sie zu akzeptieren hieße ja, das bestehende naturwissenschaftliche Weltbild zu erweitern, umzudenken und zudem auf horrende Gewinne mit altbewährten Techno-logien zu verzichten, ungeachtet dessen, daß sie unse-ren Planeten ruinieren.

Die amerikanische Wissenschaftsjournalistin Jeane Man-ning hat zwei hochinteressante Bücher (siehe Literaturli-ste) darüber verfaßt, welch eine Fülle von bislang kaum beachteten Alternativen existiert, um unseren Energie-bedarf vollständig und umweltfreundlich aus gänzlich anderen Quellen als fossilen Brennstoffen, Kernspaltung oder Solarenergie zu decken. Warum hat man von sol-chen Projekten bislang noch nie etwas gehört? Wo gibt es zum Beispiel die Aggregate zu kaufen, die ein ganzes Haus kostenlos mit Wärme und Strom versorgen können? Ganz einfach: Da die Erfinder nicht ernstgenommen wer-den, erfahren sie auch keine Unterstützung durch öffent-liche Einrichtungen. Und so fehlt ihnen schlichtweg das Geld, ihre sensationellen Entdeckungen zur Serienreife zu bringen.

Zwei vielversprechende europäische Energieprojekte ha-ben allerdings derzeit gute Chancen, wirklich zum Ein-satz zu kommen. Zum Beispiel der Druckluftmotor, den der Franzose Guy Negre entwickelt hat und mit dem er in Zukunft Autos fahren lassen will. Der Motor selbst ist schon perfekt; jetzt liegt es nur noch an der Fahrzeugkarosserie, die der Erfinder ebenfalls komplett selbst herstellen will. Dabei alle internationalen Standards zu beachten ist nicht so leicht, doch der Prototyp fährt bereits, und zwar ohne Benzin, und was aus dem Auspuff kommt, ist sauberer als die Umgebungsluft. Das heißt, das Druckluftauto ver-schmutzt nicht nur selbst die Umwelt nicht, sondern rei-nigt auch noch die stickige Stadtluft (Internetadresse sie-he Anhang).

Ebenfalls kurz vor dem Einsatz steht der preßluftbetriebene Flugzeugmotor von Vernon Newbold, der demnächst abgasfrei durch die Lagunen von Venedig düsen soll. Die dortige Feuerwehr hat die Motoren für ihre Mini-Luftkissenfahrzeuge eingekauft.

Soweit zwei ermutigende Beispiele für Innovationsfreudigkeit, die sich bestimmt in Kürze für alle Seiten bezahlt machen werden, nicht zuletzt auch für die Umwelt und für unser aller Lebensqualität. Insgesamt jedoch sieht es in puncto Innovationsbereitschaft hierzulande eher traurig aus.

Vor etwa 20 Jahren befand sich Deutschland auf Platz 3 für innovative Produkte. Inzwischen sind wir auf Platz 26 abgefallen. Zu viele Unternehmen leben schon zu lange nur noch von den „alten Kamellen", die ihre Eltern und Großeltern dereinst erfunden haben. Der Rest der Welt überholt uns gerade in Siebenmeilenstiefeln.

Die Innovationslosigkeit vieler deutscher Unternehmen ist die große Chance für ausländische Firmen. Um uns herum, besonders auch in den Ostblockstaaten, herrscht geschäftige Aufbruchstimmung, und die Neuerungen schießen dort wie Pilze aus dem Boden.

Wenn in Deutschland umgerechnet 77 Prozent der Mieten auf Zinsen entfallen und nur 23 Prozent auf den reinen Wohnwert, dann trägt das auch zur Minderung der internationalen Wettbewerbsfähigkeit bei. Die Mieten sind nicht etwa deshalb so hoch, weil der Bau und Erhalt der Gebäude so teuer wären, sondern weil die Zinsen für die dafür aufgenommenen Kredite im Laufe der Jahre weit mehr ausmachen – nämlich 77 Prozent – als der eigentliche Wert des Gebäudes.

In anderen Ländern sind die Zinskosten durch Erbpacht reduziert, und damit liegen dort auch die Mieten wesentlich niedriger. Das wiederum wirkt sich auf die Löhne aus.

Dadurch können die Unternehmer in solchen Ländern Produkte gleicher Qualität zu sehr viel geringeren Preisen anbieten. Wenn nun Deutschland wenigstens die Hochburg der Innovation wäre, wäre das egal, aber so stellt es für uns eine bedrohliche Entwicklung dar.

Innovationen sind daher hoch gefragt. Dabei ist es allerdings auch wichtig, zur richtigen Zeit am richtigen Ort zu sein. In diesem Zusammenhang wurde mir von vielen Seiten die Marketingberaterin und Autorin Faith Popcorn empfohlen, die Zukunftsmärkte erforscht und darüber ein Buch geschrieben hat (*Clicking – der neue Popcorn-Report*). Sie konzentriert sich voll auf innovative Trends, erspürt mit ihrem feinen Riecher aktuelle Strömungen in der Gesellschaft und leitet daraus ab, welchen Kriterien eine erfolgreiche Geschäftsidee standhalten muß.

Sie hat dabei folgende Merkmale herausgefiltert, die bei den Verbrauchern von heute eine wesentliche Rolle spielen: kleine Genüsse, die Suche nach Halt und Sinn, weibliches Denken, das Bedürfnis, ganz viele verschiedene Dinge in diesem einen Leben zu tun und zu erfahren, gesund und lange zu leben, gegen „die Großen" zu sein, unsere Gesellschaft zu erneuern, aber auch eine starke Ichbezogenheit sowie acht weitere Punkte, die ihr zufolge ernstzunehmende Trends unserer Zeit darstellen. Wer sie nicht in seine Zukunftsplanung mit einbaut, der ist laut Wirtschaftsdiagnose von Faith Popcorn heute nicht mehr zur richtigen Zeit am richtigen Ort.

Unkonventionelles Denken am Gewohnten vorbei ist also nichts zum „Nase rümpfen", sondern womöglich der Rettungsanker schlechthin.

Im folgenden einige weitere Kriterien, die, in wirtschaftliche Überlegungen einbezogen, den Weg zum Erfolg ebnen können.

Nutzenmaximierung statt Gewinnmaximierung

Wer dauerhaft den Gewinn vor den Nutzen stellt, wirtschaftet sich in den Abgrund, wurde ich aufgeklärt. Ein Beispiel: Um einen Olivenbaum ernten zu können, bedarf es 15 Jahre Aufzucht ohne Ernte. Danach liefert der Baum jedoch für 500 bis 1000 Jahre regelmäßig seine Früchte.

Zu diesem Thema führt Wolfgang Mewes, der Begründer der EKS® (Engpaßkonzentrierte Strategielehre; nähere Infos siehe Anhang), aus: Wer immer den Nutzen seiner Zielgruppe im Auge hat, der erzielt seinen Gewinn automatisch. Beim Beispiel des Olivenbaums geht es um die Frage des return on invest (deutsch: Rückfluß der Investition). Nach 15 Jahren Pflege kann für die nächsten 500 bis 1000 Jahre geerntet werden. Wann erreicht heute ein Unternehmen den return on invest und wie lange sind die Erträge des Unternehmens sicher?

Die Lösung besteht für ein Unternehmen darin, die vorhandene Firmenstruktur und Erfahrung zu nutzen, um immer aktuell am Nutzen weiterzuentwickeln. Unternehmen, die ständig die Nutzenoptimierung im Auge haben, überstehen unbeschadet die Jahrhunderte.

Zu welch unsinnigen Entwicklungen es kommen kann, wenn das Gewinndenken die Orientierung am Nutzen dominiert, zeigt meines Erachtens recht deutlich das folgende Negativbeispiel:

Es war einmal vor vielen, vielen Jahren, da fand der Sommerschlußverkauf der Modebranche am Ende des Sommers statt. Eines Tages jedoch begab es sich, daß ein Einzelhandelsgeschäft auf folgende „geniale" Idee kam: „Wenn ich meinen Sommerschlußverkauf eine Woche früher mache als alle anderen, dann schnappe ich ihnen ein gutes Stück vom Umsatz weg, und ich verdiene mehr!" Gesagt getan.

Im nächsten Jahr dachten sich schon zehn andere Geschäftsinhaber: „Was der kann, können wir auch!" Und so verlegten sie ihren Schlußverkauf noch zwei Wochen nach vorne. Mittlerweile liegt der Sommerschlußverkauf in der Mitte des Sommers, wenn nicht gar in manchen Jahren sogar vor seinem meteorologischen Beginn, und der Winterschlußverkauf wird nur allzu oft vor Einbruch des Winters abgehalten.

„Gier frißt Hirn", sagt der Volksmund kurz und deutlich dazu. Durch diese kurzfristige Gewinnmaximierung, anfangs ausgelöst durch einige Wenige, hat nun quasi der potentiell kaufsüchtige Kunde „Einkaufsverbot" in der gesamten Modebranche erhalten, weil das Gros der Geschäfte aus Angst mitgezogen hat. Wer als Kunde heutzutage Sommersandalen braucht, muß sich für Februar dick im Kalender markieren: Neue Sandalenkollektion nicht verpassen! Und das zu einer Zeit, wo man oft noch in Moonboots durch den Schnee stiefelt!

Dann folgt der nächste Sommer. Kaum ist es so richtig warm, nämlich Ende Juli oder Anfang August, erwacht beim Kunden wieder die Kauflust. Ich beispielsweise würde der Sonne dann gerne noch in einem neuen Sommerkleid entgegentreten. Keine Chance! Nun lachen mich die Wollpullis für die kommende Herbstmode aus den Regalen an und vermutlich auch aus, weil ich mal wieder viel zu spät dran bin.

Ich warte ja schon seit Jahren darauf, daß endlich einer einen Laden eröffnet, der „Die Nachzügler" oder „Last minute Mode" heißt und in dem man die Highlights der Saison oder von mir aus selbst die der letzten (wenn es wirklich echte Highlights sind) passend zur Wetterlage findet. Einen Laden, in dem ich die schönsten Sommersachen noch Ende August und Anfang September bekomme, und das auch noch in meiner Größe. Ich würde sofort dort einkaufen. Und ich habe nicht das Gefühl, daß ich in dieser Beziehung eine Ausnahme darstelle.

Leider will aber niemand einen solchen Laden eröffnen. Alle haben zig Gründe, warum so etwas nicht geht und nicht machbar ist. Vielleicht erkennen die Handelsverbände aber auch eines Tages (egal in wieviel Jahren), daß sie vermutlich doch mehr verdienen, wenn sie in einer gemeinsamen Aktion die Schlußverkäufe wieder vier Wochen nach hinten verlegen.

Leider verhalten wir uns viel zu oft so, daß wir Unmengen von Gründen dafür finden, warum etwas an sich Nützliches, Schönes oder gar Notwendiges angeblich auf keinen Fall geht oder wer uns alles hindert. Wenn wir eines Tages den Planeten vollständig ruiniert haben, werden wir auch sagen: „Es ging nicht anders." Aber mal ehrlich, wahr ist das doch nicht!

Konzentrieren statt Verzetteln

Kommen wir noch einmal zurück zu Wolfgang Mewes. Eines seiner EKS®-Prinzipien lautet „Konzentrieren statt verzetteln". Das gilt für Menschen wie Unternehmen gleichermaßen. Sicher kennt ihr den Spruch: „Ein Hund, der viele Hasen jagt, erwischt keinen." Wesentlich erfolgreicher ist der Hund gewiß, wenn er sich auf nur *einen* Hasen konzentriert.

Ein weiteres EKS®-Prinzip besteht in der Suche nach dem kybernetisch wirkungsvollsten Punkt. Das bedeutet: Nicht die Kräfte als solche sind entscheidend, sondern der strategische Kräfteeinsatz. Deutlich wird dies am Beispiel David und Goliath. Der in energetischer Hinsicht kleine und schwache David war dem Riesen Goliath kräftemäßig weit unterlegen; trotzdem hat er ihn niedergestreckt. Warum? Weil er sich mit seiner Schleuder auf den kybernetisch wirkungsvollsten Punkt, nämlich die Schläfe seines Gegners, konzentriert hat. Entscheidend ist also nicht, wie stark jemand ist, sondern an welchem Punkt er ansetzt.

Wolfgang Mewes zufolge werden Wachstumsschübe immer dann ausgelöst, wenn ein bestehender Engpaß beseitigt wird. Das gilt in der Natur genauso wie bei wirtschaftlichen Prozessen. Wenn zum Beispiel einer Pflanze Stickstoff fehlt, und alles andere ist ausreichend vorhanden, dann wächst sie dennoch nicht. Sobald man ihr den nötigen Stickstoff zuführt, wächst sie wieder. Bei Firmen verhält es sich genauso. Es stellt eine Kräfteverschwendung dar, überall gleichzeitig anzusetzen. Man muß lediglich den jeweiligen Engpaß finden – im Beispiel der Pflanze war es der Stickstoffmangel – und ihn beseitigen. Schon fließen die Energien wieder frei, und gesundes Wachstum stellt sich ein.

Wenden wir uns nun einem Thema zu, das die Welt und jeden einzelnen von uns bewegt: das liebe Geld. Beleuchten werden wir vor allem auch unsere Einstellung zu ihm.

18

Vom Armutsdenken zum Bewußtsein der Fülle

Ich hatte jahrelang ein sehr merkwürdiges Verhältnis zu Geld. Vielleicht erkennt sich der eine oder andere darin wieder. Bei näherer Betrachtung scheint mir, wie so oft, deutlich zu werden, wie präzise wir unsere Realität en détail selbst kreieren. Irgendwoher hatte ich das innere Bild, daß ich nicht der Typ Mensch sein könnte, der so richtig in finanzieller Fülle lebt. Mir war aber auch sonnenklar, daß ich unter keinen Umständen jemand bin, der jemals Schulden hat. Kein nennenswertes Plus und keine Schulden ergibt im Durchschnitt eine runde Null auf dem Konto.

Und genauso sah es auf meinem Konto auch jahrelang aus. Es führt zu weit, hierzu alle Beispiele aus der Vergangenheit hervorzukramen. Aber es war geradezu magisch, wie Geld reinkam, wenn ich unvorhergesehene Ausgaben hatte, und wie ich es andererseits immer wieder schaffte, Geld fehlzuinvestieren oder zu verlieren, wenn unvorhergesehene Beträge eingingen. Hauptsache, am Schluß kam Null raus – diese eine Rechnung stimmte immer.

Irgendwann begann ich darüber nachzudenken, warum das eigentlich so war, warum ich es finanziell bislang nie zu viel gebracht hatte. Zunächst fiel mir ein, wie manche Menschen in meinem Umfeld gewöhnlich auf Geld reagieren. Viele sind regelrecht beleidigt, wenn sie irgendwo „Geld sehen". Man braucht nur mit einem Neuwagen vorzufahren, und sei es der kleinste Kleinwagen für unter 15.000 Mark – dieser Typus setzt sofort eine beleidigte Miene auf. Sie suggerieren einem als Neuwagenbesitzer, man sei eine Art protziger Bonze. Schlagartig fühlt man sich, als hätte man sich durch den Akt des Neuwagenkaufs meilenweit von ihnen entfernt. Anscheinend gehört man dann automatisch dem „bösen Establishment" an. Eigentlich muß man froh sein, wenn diese „besseren Menschen" nun überhaupt noch mit einem reden.

Wegen 15.000 Mark! Ist man reich, wenn man sich im Laufe einiger Jahre 15.000 Mark zusammengespart hat? Und wenn man reich ist, ist man dann ein schlechter Mensch? So etwas denkt so gut wie niemand bewußt, aber einige Menschen unbewußt. Dieser Typus, der beleidigt ist, sobald jemand ein paar Mark über dem Existenzminimum gespart hat, leidet offensichtlich unter einer Art militantem Armutsbewußtsein. Es wäre ein Wunder und würde alle Theorien über geistige Gesetze über den Haufen werfen, wenn so jemand jemals zu viel Geld käme. Und wenn, dann würde er es vermutlich im Laufe eines Jahres durch „unglückliche Umstände" wieder verlieren.

An dieser Stelle könnte man ein wenig Selbstbeobachtung betreiben und mal in sich hineinschauen, was man empfindet, wenn man offensichtlichem Reichtum gegenübersteht. Ist man beleidigt oder fühlt sich minderwertig, dann schafft man sich damit garantiert immer Realitäten, die sicherstellen, daß man selbst diesen „bösen Bonzen" oder diesen „fernen Realitäten" niemals angehören wird. Man möchte schließlich ein einigermaßen intaktes Selbstbild aufrechterhalten. Oder falls man nur das Gefühl von „Ferne" zum Anblick der Fülle hat, dann wird eben dieses Gefühl die Entfernung aufrecht erhalten.

Bei mir entdeckte ich, daß ich unbewußt viel Geld nur mit negativen Bildern verband: zum Beispiel mit Wirtschaftsskandalen, in denen reichen Menschen ihr Konto mehr wert ist als so manches Menschenleben. Ich meine Dinge wie die Skandale um Bauherren, die aus Profitgier in Erdbebengebieten minderwertige Materialien zum Hausbau verwendet haben. Daß dies in einigen Erdbebengebieten Tausende von Menschen das Leben kostete, während die besser gebauten Häuser stehenblieben, schien diesen Geldhaien egal zu sein. Andere Negativbilder, die in mir auftauchten, betrafen Hormon- und Futterskandale bei Geflügel, Schmiergeldskandale in Rüstungsangelegenheiten und die ganzen endlosen Geschichten, die ständig irgendwo zu lesen sind.

Man bekommt dadurch unbewußt das Bild: Die ganz Reichen sind böse. Und ich meine hier wirklich ein unbewußtes Bild. Denn ich kenne und kannte schon immer wirklich herzensgute, reiche Menschen persönlich. Von den „Bösen" hingegen kenne ich keinen. Ich schreibe „die Bösen" in Anführungsstrichen, weil ich davon ausgehe, daß jemandem, der etwas derartig Dummes tut, nur gerade in seiner Lebenssituation nichts Besseres einfällt. Der Begriff „böse" relativiert sich damit stark, denn ich weiß ja nicht, was ich in der Lage von so manchem dieser Leute je tun würde. Vielleicht wäre ich unter Druck ja schon viel früher abgedreht.

Wie dem auch immer sei, mein *Tagesbewußtsein* ist jedenfalls weit davon entfernt, an „reich = böse" zu glauben. Mein Tagesbewußtsein denkt „reich = wunderschön, Märchenschloß, Ökodörfer" und so weiter.

Aber eines schönen Tages entdeckte ich, daß mein Unterbewußtsein eine bildhafte Verbindung zwischen großen Geldmengen und Rüstungsskandalen und ähnlichen

Niederträchtigkeiten geschaffen hatte. Und Bilder im Unterbewußtsein haben eine enorme Kraft, solange man sie nicht bewußt wahrnimmt. So ein Zeitungsbericht mit Foto von Gadhafi und einem der Herren, die er bestochen hat, und dann die schöne Zahl von ein paar Millionen Dollar zwischen den beiden, sinkt tief und immer tiefer ins Unterbewußtsein. Man merkt es gar nicht. Oder das Bild von den einstürzenden Hochhäusern in Erdbebengebieten und im Kasten gleich daneben die Millionen, die die Bauunternehmer dabei gespart haben. Oder das zerzauste Batteriehuhn neben dem Bild von der Firma mit dem Futterskandal und daneben wieder ein Betrag, wer daran wieviel verdient hat.

Dabei habe ich schon extra keinen Fernseher. Erstens, weil ich lieber selber etwas unternehme, als anderen Leuten zuzuschauen, wie sie den großen Spaß haben, und zweitens, weil ich mein Gehirn nicht mit negativen Bildern füttern will. Ich bin ja schlau, bildete ich mir ein. Wenn man sein Unterbewußtsein mit negativen Bildern und Destruktion füttert, dann liefert es auch im eigenen Leben Destruktion. Also keine Bildnachrichten im TV. Ab und zu holte mich aber eine Art schlechtes Gewissen ein, und ich fühlte mich zu uninformiert. Also sah ich hin und wieder in ein paar Zeitschriften hinein – und siehe da, als ob das keine Bilder wären, die ins Unterbewußtsein sikkern, speicherte ich damit genau die Muster ab, die ich durch Fernsehabstinenz zu vermeiden suchte. Und ich merkte es noch nicht einmal.

Bis zu dem Tag, an dem ich es doch merkte. Und dann war Schluß. An jenem schönen Tag fand ich sie beim Aufräumen in meinem eigenen Seelenkeller, diese versteckte bildhafte Verbindung von Geld zu Skandalen und üblen Betrügereien. Am schlimmsten waren für mich die

Bilder, in denen mit Geld und wegen Geld Erde und Natur zerstört worden waren. Mein Unterbewußtsein hatte gespeichert, daß Geld, sobald es einmal eine gewisse Größenordnung erreicht hat, offenbar schon irgendwann einmal dafür benutzt worden war, den Planeten zu zerstören, sonst hätte es sich nicht an einigen Stellen derart vermehrt. Klar, daß mein Unterbewußtsein fand, daß wir (ich und es) mit so einem Geld nichts zu tun haben wollen.

Als ich diese Bilder in mir fand, räumte ich natürlich sofort auf. Ich hängte mir „Gegenbilder" auf. Ich druckte mir immense Zahlen in Millionenhöhe aus, schnitt Fotos von Hilfsprojekten für die Dritte Welt oder für Obdachlose aus, von gesunden Regenwäldern und dergleichen mehr und klebte jeweils meine Millionenbeträge darüber. Dieses Bild bekommt mein Unterbewußtsein seitdem ständig zu sehen, und nun denkt es sich ganz brav: „Ahhh, wenn wir Millionen haben, dann können wir damit ganz viel Gutes tun. So ist das also."

So ganz hundertprozentig überzeugt war mein Unterbewußtsein aber damals immer noch nicht. Es meldete: „Naja schön, aber wann hast du denn eigentlich das letzte Mal jemandem etwas gespendet? Das ist mindestens ein Jahr her. Wer sagt, daß du mehr Sinnvolles unternimmst, wenn du mehr Geld hast? Ab wann willst du etwas Sinnvolles tun? Beweise mir erstmal, daß du es wert bist, daß ich dir viel Geld herbeischaffe."

So ist es, mein eigenes ICH, traut mir keinen Meter über den Weg. Wir konnten uns einigen. Genug für monatlich zwei Waisenrenten in Indien hatte ich allemal, und so einigten mein Unterbewußtsein und ich uns auf diese zwei Waisenrenten plus eine kleine Lotterie für einen guten Zweck. Dabei besteht immerhin auch noch die Chance eines Rückflusses. Seitdem höre ich keine Proteste von innen mehr, und die Bilder von „Geld = Umweltzerstörung und Skandal" sind soweit auch verschwunden.

Wir haben den Lebensstandard dann auch vor Jahren schon angenehm erhöhen können. Im Moment streiten wir (immer noch mein Unterbewußtsein und ich) jedoch darüber, ob ich fähig wäre, auch richtig große Beträge zu verwalten und sinnvoll einzusetzen, oder ob mir das nicht über den Kopf wachsen und ich in Panik verfallen würde. Mit der Debatte sind wir noch nicht am Ende.

Ich fühle daher mit jedem, der ein ähnlich schwieriges Unterbewußtsein hat. Man kann sein Vertrauen nur mit der Zeit erringen und muß ganz individuelle Wege finden, damit es sich dauerhaft überzeugen läßt (so wie mit den Bildern von hohen Beträgen in Verbindung mit konstruktiven Einsätzen).

Ich kann jedoch jedem nur dringend raten, den kleinen Aufwand zu betreiben und in den aktiven Austausch mit dem Unterbewußtsein zu treten, um ihm dabei reale, wirklich gute Gegenbilder zu liefern. Hat man einmal das eigene Schlüsselbild gefunden, wird es sofort viel freundlicher und zugänglicher. An den vielen Veränderungen im Außen kann man es erkennen.

Eine Geldwaschanlage der besonderen Art

Angenommen, du hättest nun auch die wichtigsten inneren Bilder transformiert und hieltest soeben einen dikken Stapel 1000-Mark-Scheine in den Händen. Wie würdest du dich dabei fühlen? Gut oder schlecht? Ab welcher Menge hast du möglicherweise doch wieder das Gefühl, es könne sich ja wohl nur um Geld aus Rüstungs- oder Drogengeschäften handeln, so wie ich bei den ehe-

maligen bildhaften Verbindungen meines Unterbewußtseins?

Ich kenne da jemanden, der besitzt eine „Geldwasch-
anlage" der besonderen Art, die er sich selbst gebaut hat.
Es ist ein ehemaliger Schuhkarton, der außen mit schwar-
zem Papier und innen mit Alufolie beklebt ist. Auf der
Kiste stehen alle möglichen Symbole und Bilder, die für
ihn Reinheit, Liebe, Umweltreinigung, Fülle für alle und
ähnliches bedeuten. In diese Kiste legt er über Nacht jeweils sein Bargeld und seinen aktuellsten Kontoauszug.
Damit, so stellt er sich vor, reinigt er das Geld von allen
negativen Anhaftungen, damit es in Zukunft auf magische
Weise nur noch in konstruktive Projekte fließt. Seit er so
verfährt, kann er bedenkenlos Geld von überall zu sich
fließen lassen, er tut schließlich immer ein gutes Werk
damit.

Geld ist gut

Hier noch ein paar weitere Argumente, die dir vielleicht
dabei helfen, Geld positiver zu sehen. Heinz Hartmann,
Inhaber einer Werbeagentur, dem wir ja schon in Kapitel 3
begegnet sind, ist überzeugt: Geld ist gut. Ohne Geld ist
man ohnmächtig, nämlich ohne Macht, Dinge zu ändern.
Ohne Geld habe ich gar nicht die Möglichkeit, materiell
Gutes zu tun, Umweltmiseren zu beheben oder Armen zu
helfen. Und natürlich entstehen durch Geld auch neue
Jobs. Hartmann sieht daher Geldnot als eine Krankheit
an, die zu kurieren ist. Die Idee, daß Geld schlecht sei,
rührt seiner Meinung nach von dem Unvermögen der Menschen, genug Geld „zu magnetisieren" und an sich zu ziehen, um sich Wünsche erfüllen zu können.

Es gibt keinen absoluten Geldmangel, sondern nur Geldmangel in unserer Vorstellung, sagt Heinz Hartmann. Wenn zehn Menschen Geld besitzen und sie behalten es alle, dann bewegt sich nichts, und keiner der zehn kann etwas erwerben. Wenn nun alle zehn anfangen, das Geld im Tausch gegen Leistungen weiterzugeben, dann haben auf einmal alle zehn viel mehr Güter oder in Anspruch genommene Leistungen. Das lag nicht am Geld, sondern daran, daß die Energie des Geldes bewegt wurde. Blokkierte Energie, die nicht fließen kann, vermag auch nichts Positives zu bewirken.

Es geht also beim Geldmangel nur um das Lösen einer Energieblockade, bei sich und bei anderen. Jede noch so kleine, aber gute Idee, die die Herzen der Mitmenschen berührt, kann diese Energie namens Geld zum schnelleren Fließen bringen. Und je mehr sie fließt, desto mehr Menschen können am Tauschprozeß teilhaben.

„Genügend kapitalisiert zu sein verleiht auch den Menschen, die von geistigen Gesetzen keine Ahnung haben, die Freiheit, gut zu handeln", erklärt Hartmann. Er führt als Beispiel einen jungen Arzt an, der seine neue Praxiseinrichtung abbezahlen muß, nach dem langen Studium aber keine Reserven mehr hat und nun – aus der finanziellen Notwendigkeit heraus – den Patienten die Mittel verschreibt, an denen er als Arzt am meisten mitverdient. Ist dieser Arzt erst älter und hat genügend verdient, kann er es sich leisten, die Patienten auch einmal länger zu beraten, ganz gleich ob ihn das dann eher Geld kostet, als daß es welches bringt. Er kann es sich plötzlich leisten, dem Patienten das Mittel zu verschreiben, das wirklich am besten für ihn ist – ohne Rücksicht darauf, was ihm als Arzt dies einbringt.

Heinz Hartmann kennt diese Problematik auch von sich selbst. In den frühen Zeiten seiner Karriere, als er noch mit Kämpfen und eisernem Willen sein Geschäft betrieb, ging er mitunter auf ähnliche Weise vor, um seine junge Familie versorgen zu können. Er hat dabei Kunden auch schon mal die Art von Werbemedien empfohlen, die ihm als Agenturbesitzer mehr Provision einbrachte, allerdings auch schon damals nur in den Grenzen, in denen er den Kunden damit nicht schadete.

Seit er heute „die Methode des bewußten Denkens", wie er es nennt, anwendet und damit wesentlich schneller ans Ziel kommt, macht er es anders. Da das Leben einen genauso behandelt, wie man selbst das Leben und die anderen Menschen behandelt, verdient man letztlich immer mehr, wenn man fair für den Kunden mitdenkt. Erstens, weil der Kunde das auf irgendeiner Ebene merkt, also gerne wiederkommt und einen weiterempfiehlt, und zweitens, weil man erntet, was man sät.

Aber auch, wenn die geistigen Gesetze noch so deutlich und stark wirken, es bleibt oft eine Versuchung, dem Kunden Dinge zu verkaufen, an denen man selbst mehr verdient. Bis zu dem Tag, an dem das persönliche Bedürfnis nach Geld befriedigt ist, bis man genug davon hat. Dann wird man mit viel mehr Leichtigkeit und Sorglosigkeit auch für den Kunden nur noch das Beste aussuchen, ohne allzu viel darüber nachzudenken, wieviel bei einem selbst davon hängenbleibt.

Auch darum ist Geld gut, weil mit genügend Geld auf dem Konto jeder in die Lage kommt, das geistige Gesetz zu erleben, wonach die Qualität, die man aussendet, zu einem zurückkommt. Jeder kann dann feststellen, wieviel mehr Befriedigung es verschafft, wenn man das Beste für alle aus einem Geschäft gemacht hat und der Kunde nicht nur geschäftlich einigermaßen zufrieden ist, sondern sich persönlich wertgeschätzt und optimal betreut fühlt.

Um dieses Gesetz mit wenig Geld auf dem Konto auszuprobieren, bedarf es einer weit größeren Persönlichkeit und eines „Vorschußvertrauens" in die geistigen Kräfte. Finanzielle Sicherheit verleiht auch den kleineren Persönlichkeiten die Freiheit, sich fair zu verhalten, weil die Angst (vor existentiellen Problemen) wegfällt. In dieser Hinsicht ist Geld also eindeutig gut.

Man könnte sogar sagen, das Festhalten am vielzitierten Armutsbewußtsein widerspricht eigentlich der Natur. Denn die Natur selbst ist auf Fülle, auf Wachstum ausgerichtet. In Hülle und Fülle bringt sie Samen, Früchte, Pflanzen- und Tierarten hervor. Und immer produziert sie einen Überschuß, mehr, als zu ihrer reinen Erhaltung nötig wäre. Warum nun sollte dieses Gesetz des Wachstums ausgerechnet dann schlecht sein, wenn es sich um Geld handelt?

Wäre es nicht auch viel mehr im Sinne der Natur, wenn der Planet voller reicher statt voll von so vielen armen Menschen wäre? Falls man beim Nachdenken zu dem Ergebnis kommt, einen Planeten voll von innerlich und äußerlich reichen Leuten zu bevorzugen, könnte man es ja als seine ureigenste Pflicht ansehen, der Erde zunächst einen Reichen mehr zu gönnen, nämlich sich selbst. Sobald man selbst reich ist, hätte man die Möglichkeit, einigen oder auch vielen anderen ebenfalls zu mehr Reichtum zu verhelfen. Somit hätte man schon eine ganze Menge mehr Reiche geschaffen. Wenn es etwas Positives ist, anderen aus der Armut zu helfen, warum kommt man dann dieser Pflicht nicht nach, indem man es zunächst als ganz selbstverständlich ansieht, daß man selbst reich wird, damit man die Welt nach den eigenen Vorstellungen mitgestalten kann?

19   Die Realität des Geldes

Was genau ist eigentlich Geld? Ich meine, wie real ist es überhaupt? Wieviel Geld ist auf der Welt vorhanden, und durch wieviel real erwirtschaftete Güter ist es gedeckt, fragte ich mich? Ich dachte, ich fange ganz unten in meinen Überlegungen an und halte zunächst einmal Ausschau, wo es noch Geld als ganz reale, feststehende Größe gibt. Wieviel Geld und in welcher Form haben die kleinen Bürger? Und was kann man damit tun?

Hm, mal überlegen. Angenommen, ich hätte 1000 Mark und ließe sie einen Monat lang in meinem Portemonnaie liegen. Dann wären das 1000 Mark und basta. Was aber wäre, wenn ich sofort einen neuen Drucker dafür kaufen würde? Und wenn der Händler meinen 1000-Mark-Schein nehmen und noch am selben Tag ein Schlauchboot dafür kaufen würde? Vielleicht würde der Schlauchboothändler diesen 1000-Mark-Schein am nächsten Tag seiner Tochter schenken, und die kauft sich Kleider dafür. Die Boutiquebesitzerin, bei der die Tochter für 1000 Mark eingekauft hat, macht einen drauf und läßt die 1000 Mark am selben Abend im teuersten Restaurant der Stadt und anschließend in ihrer Lieblingsdisco.

Sind dann diese 1000 Mark noch 1000 Mark, oder sind es 5000 Mark? Schließlich sind innerhalb weniger Tage nun Waren im Wert von 5000 Mark bewegt worden, während vorher einen ganzen Monat lang gar keine Ware bewegt wurde. Von dem Geldwechsel profitiert am meisten das Finanzamt, das um so mehr kassiert, je öfter der 1000-Mark-Schein den Besitzer wechselt. Denn jeder, der den Schein zeitweise besessen hat, muß dem Finanzamt am Ende des Jahres einen bestimmten Prozentsatz davon abgeben. Insgesamt scheint die Frage, wieviel Geld zur Verfügung steht und was man damit bewirken kann, gar nicht absolut zu beantworten sein. Je schneller man das Geld bewegt, desto mehr bewirkt es. Die Menge an Geld ist also weit weniger wichtig als seine Umschlaggeschwindigkeit.

Dieses Prinzip gilt natürlich auf dem Weltmarkt genauso. Wenn das Geld liegengelassen wird, nutzt es der Masse der Menschen wenig. Doch selbst, wenn das Geld bewegt wird, gibt es eine weitere Tücke. Um Armut und Arbeitslosigkeit zu bekämpfen, muß das Geld auch in der Realwirtschaft bewegt werden und nicht nur in bloßen Spekulationen. Wie sieht es aber in beiden Fällen aus?

Fangen wir mit dem Thema Zinsen an (ich stelle die Dinge sehr vereinfacht dar, aber hoffentlich ausreichend klar, um die Grundproblematik, warum Geld als reale, feststehende Größe eigentlich gar nicht existiert, sofort erfassen zu können):

Der Zinswahnsinn

- Eine Geldanlage (liegengelassenes Geld) verdoppelt sich bei 7 Prozent .Verzinsung alle 10 Jahre. Würde man zum Vergleich die Blutmenge im Körper eines Menschen alle 10 Jahre verdoppeln, dann müßte dieser entweder ständig weiterwachsen, oder er würde platzen. Man fragt sich, wie unsere Wirtschaft das macht?!
- Der Bund zahlt dem statistischen Bundesamt zufolge

derzeit (1999) 90 Milliarden Mark an jährlichen Zinsen für seine Schulden.

- Die Deutsche Ausgleichsbank hat Zahlen veröffentlicht, wonach der Eigenkapitalanteil bei deutschen Firmen 1968 um die 30 Prozent betrug; 1998 lag er nur noch bei 8 Prozent. Die Hauptgründe für die Pleitewellen in Deutschland seien laut dieser Bank „Finanzierungsfehler". „Liegengelassenes" Geld von Banken zu leihen macht nämlich jede Investition durch die Zinsen zwei- bis dreimal so teuer. Die Gewinnspannen, die nötig werden, um alle Zinsen zu bezahlen, lassen sich oft auf Dauer nicht erwirtschaften.

- Weltweit besitzen 447 Milliardäre ein Vermögen, das größer ist als das gesamte Jahreseinkommen von mehr als der Hälfte der Weltbevölkerung. In Deutschland besitzen etwa 600 Menschen ein Vermögen von 100 Millionen bis zu mehreren Milliarden.

- Das Verleihen von gespartem (liegengelassenem, nicht in die Wirtschaft direkt eingebrachtem Geld) verschiebt die Geldsummen wiederum zu Gunsten der Geldverleiher. Ein Beispiel: Angenommen, jemand baut ein Haus zum Preis von einer Million Mark. Wenn er den Betrag gerade nicht in der Portokasse zur Verfügung hat, wird er einen langfristigen Kredit dafür aufnehmen. Bis das Haus vollständig abbezahlt ist, hat es den Besitzer nicht mehr eine Million, sondern mit allen Zinsen und Gebühren ein Vielfaches davon gekostet. Diese Tatsache wird er zwangsläufig in seinen Mietpreis miteinberechnen müssen. Umgerechnet 77 Prozent aller Mieten entfallen letztlich auf Zinsen.

So verhält es sich überall. Egal, was wir bezahlen und kaufen, wir bezahlen immer die Zinsen mit, die die jeweilige Firma für ihre Kredite bezahlt – anderenfalls würde sich kein Unternehmen lange halten. Die Zinsen müssen in jede Dienstleistung, in jedes Produkt miteingerechnet werden. Der Zinsanteil bei unseren Gebühren für die Müllabfuhr beträgt übrigens 12 Prozent, der fürs Trinkwasser 38 Prozent und der für die Kanalbenutzung 47 Prozent, denn auch Staat und Stadtverwaltung zahlen Zinsen. (Quelle: Helmut Creutz: *Das Geldsyndrom*, siehe Literaturliste)

Und diese Zinsen laufen dann über die Banken dorthin zurück, wo die großen Geldbeträge lagern. Letztlich bedeutet das auch, daß quasi Millionen von Menschen einen Großteil ihrer Arbeitszeit damit verbringen, die Zinsen für ein paar hundert Menschen zu erwirtschaften.

Der Fehler liegt allerdings nicht bei den Milliardären, sondern ist eher im System begründet. Das System belohnt das Liegenlassen des Geldes, und genau dieses Liegenlassen verursacht das Problem. Würde das Geld zinslos in den Geldkreislauf zurückgeführt, dann würden sich diese enormen Geldsummen nicht an einigen wenigen Stellen anhäufen.

Es gibt allerdings auch dazu Lösungsansätze und -vorschläge, bei denen nicht den Reichen das Geld weggenommen wird (die als Einzelpersonen das System auch nicht erfunden haben. Wir sind als Menschheit kollektiv bei dieser Extremverteilung gelandet und sollten das Problem sicherlich auch kollektiv angehen), sondern es wird neuer, zusätzlicher Reichtum durch parallele, lokale Geldsysteme geschaffen, sogenannte Komplementärwährungen und Tauschgeldringe. Diese Komplementärwährungen sollen unser bisheriges Zahlungsmittel keinesfalls ersetzen, sondern nur all diejenigen Funktionen übernehmen, die das normale Geld nicht oder nicht mehr erfüllt.

Daß das bereits heute und auch im großen Stil an mehreren Orten der Welt ausgezeichnet funktioniert, kann jeder in meinem Lieblingsbuch zum neuen Jahrtausend nachlesen. Es ist eine Empfehlung, die mir sehr am Herzen liegt: *Das Geld der Zukunft*, verfaßt von dem internationalen Finanzexperten Bernard A. Lietaer.

Vielleicht hier vorab nur zwei kleine "Schmankerl" für diejenigen, die so wie ich bis vor kurzem Komplementärwährungen und Tauschgeldringe für unbedeutende Randerscheinungen hielten:

☺ Das Schweizer Komplementärsystem WIR besteht seit 1934, hat 80.000 Mitglieder und macht einen Jahresumsatz von umgerechnet 2,5 Milliarden Schweizer Franken. Die Schweiz beweist damit, daß Komplementärwährungen nicht nur etwas für arme Länder und Regionen sind.

☺ In Brasilien hat der Bürgermeister in der Stadt Curitiba (2,3 Millionen Einwohner) vor 25 Jahren eine Komplementärwährung eingeführt und die Metropole damit auf den Stand der „Ersten Welt" gebracht. Er wird inzwischen landesweit als politischer Held gefeiert.

Darauf einzugehen, warum diese Systeme auch Unternehmern nutzen und weshalb sie die bestehenden Währungen sogar stabilisieren können, würde hier zu weit führen. Ich empfehle daher nochmals jedem die Lektüre des genannten Buches.

Heiße Luft und getippte Zahlen

Soviel in aller Kürze zum Liegenlassen des Geldes und dem damit verbundenen Zinssystem. Kommen wir zum bewegten Geld, zum manchmal sogar sehr schnell bewegten Geld. Oft wechselt es innerhalb weniger Stunden mehrmals den Besitzer, und trotzdem kann niemand

Waren dafür erwerben, seine Ausbildung bezahlen oder sonst etwas „Reales" damit tun.

Ganz früher mal sollte Geld nichts anderes sein als ein Tauschmittel, für das es einen Gegenwert in realen Werten gab. Wenn den vorhandenen Geldbeträgen KEINE realen Werte mehr gegenüberstehen, dann fragt es sich, inwieweit das Geld selbst noch als real bezeichnet werden kann. Was würdest du raten, lieber Leser, wieviel Prozent der täglichen, weltweiten Devisentransaktionen (Devisen = Währungen) mit realen Geschäften zusammenhängen und wieviel Prozent rein spekulativer Natur sind?

Wer sich nicht schon einmal mit dem Thema befaßt hat, kommt vermutlich nie darauf. Die „harten Fakten" auf globaler Ebene zeigen nämlich, daß nach den Erhebungen der Bank für Internationalen Zahlungsausgleich (BIZ) **derzeit 98 Prozent aller Devisentransaktionen spekulativer Natur sind und nur 2 Prozent mit realen Geschäften zusammenhängen.**

Das haut rein. 98 Prozent! Wenn man näher darüber nachdenkt, fragt man sich, MIT WAS denn da überhaupt noch gehandelt wird. Offenbar doch nur mit heißer Luft, und bezahlt wird mit getippten Zahlen. Was anderes ist das doch allem Anschein nach nicht mehr.

Es entbehrt auch nicht einer gewissen schlichten Logik, daß Währungsspekulanten nicht an der Stabilität von Währungen interessiert sein können, denn dann würden sie ja nichts mehr verdienen. Sie sind also am Gegenteil dessen interessiert, was gut für die Sicherheit der Ersparnisse des einzelnen wäre. Denn wenn die Währung zusammenbricht, in der ich mein Geld angelegt habe, ist es futsch!

Nach Angabe der Weltbank haben seit den 70er Jahren 69 Länder eine schwere Bankenkrise mitgemacht und 87

Länder einen Sturm auf ihre Währung erlebt. Früher mal konnten die Zentralbanken die Währungen durch Ausgleichskäufe stabilisieren, aber mittlerweile beläuft sich das tägliche Handelsvolumen an Devisen auf circa 2 Billionen Dollar. Damit werden die Reserven der Zentralbanken bei weitem überstiegen, so daß diese bei Krisen keinerlei ernstzunehmenden Einfluß mehr ausüben können.

Der Geist des Geldes

In all dem Wirrwarr bleiben in meinem Hirn am ehesten die Zahlen 2 Prozent und 98 Prozent hängen. 2 Prozent Realwirtschaft und 98 Prozent Geldwirtschaft. Lasse ich mir 98 Prozent meines möglichen Einkommens entgehen, weil ich die Geldwirtschaft insgeheim und irgendwie als „schlecht" beurteile? Könnte ich nicht auf der realen Ebene viel mehr bewegen, wenn ich die 98 Prozent etwas mehr anzapfen würde? Oder kann ich sogar auf der realen Ebene viel mehr Geld verdienen, wenn ich nur in Gedanken über meine üblichen 2 Prozent hinausgehe? Ist 2 : 98 womöglich nur das Verhältnis dessen, was ich für möglich halte und was ich bisher für mich in Anspruch genommen habe, zu dem, was möglich wäre? „Wenn ich nur wüßte, wen ich dazu nach dem optimalen Weg für mich selbst befragen könnte", dachte ich mir und kam schließlich auf die gute Idee, „den Geist des Geldes" selbst zu befragen.

„Also schön, ich bin jetzt umfassend informiert. Aber wer tippt nun die richtigen Luftgeldzahlen auf mein Konto, damit ich all meine Projekte verwirklichen kann, die ich so im Kopf habe?" fragte ich mich.

Als ich meine gesamten Aufzeichnungen und die Markierungen in einigen Büchern zum Thema Geld noch einmal überflog, gewann ich den Eindruck, daß Geld eigentlich fast etwas Metaphysisches hat. Es ist physisch kaum vorhanden und beeinflußt dennoch massiv unser ganzes Leben. Und ob es zu uns kommt oder nicht, hängt allein unter ganz materiellen Voraussetzungen von so vielen verschachtelten Faktoren ab, daß es eigentlich eines klaren, unverrückbaren Weges entbehrt, auf dem es zu uns kommen kann. Erfolg und Geldmengen haben mehr mit psychosozialen Gründen, Denkstrukturen, Visionen und Spielen mit heißer Luft zu tun als mit eindeutig bestimmbaren Vorgehensweisen. „Das ist ja hochspirituell", fand ich auf einmal.

Mir fielen sofort schamanistische, indianische Lehrer ein, die mit den Geistern der Elemente und der Natur reden. Ich habe es selbst ausprobiert: Wenn man über einen kleinen See schwimmen will und möchte, noch immer kraftvoll, am anderen Ufer ankommen, muß man nur mit dem Geist des Wassers reden, und schon schwimmt es sich viel leichter. Die Indianer tauschen sich auch mit dem Geist des Feuers, der Luft und der Erde aus und erzielen so weit bessere Ergebnisse im Umgang mit der Natur als unsereiner.

Wenn beispielsweise ein Durchschnittseuropäer am Amazonas aufmarschiert, sich einen Baum abholzt, daraus einen Einbaum schnitzt und rudern geht, dann ist das Holz nach spätestens vier Jahren morsch, und es muß ein neuer Baum gefällt werden. Ein Eingeborener kommt des Weges. Er holzt ebenfalls einen Baum ab, schnitzt einen Einbaum daraus und siehe da – der Baum hält 400 Jahre. Wie das? Ganz einfach: Der Eingeborene hat den Baum gefragt! Er spricht mit dem Geist der Bäume und läßt sich sagen, welcher von ihnen wann bereit ist, ein Einbaum zu werden.

Wie viele Menschen beschäftigen sich täglich in Gedanken mit Geld? Und was für ein Wesen im Sinne des Schamanismus erschaffen sie damit? Ich stellte es mir gigantisch groß vor. Vielleicht sollte ich mal mit dem Geist des Geldes Kontakt aufnehmen, dachte ich mir.

An und für sich hatte ich vermutet, der Geist des Geldes müsse ein nur wenig zugängliches Wesen sein. Ich habe bei Meditationen und Phantasiegeprächen mit Bäumen und Gegenständen aller Art schon die unterschiedlichsten Dinge wahrgenommen – oder vielleicht auch nur taggeträumt, aber das ist ja letztlich egal.

Jedenfalls war der Geist des Geldes geradezu überschwenglich nett und wirklich riesengroß. Und er hat mir einige sehr interessante Anregungen zu meinem Umgang mit ihm gegeben. Er meinte, daß ich oft nur zur falschen Zeit ein bißchen zuviel für die falschen Dinge ausgebe. Ich sollte lieber öfter ihn fragen, bevor ich etwas ausgebe, egal wofür, und er würde mir dann schon sagen, ob das sinnvoll sei oder nicht. Schließlich müsse ich auch darauf achten, daß ich nicht die Kuh schlachte (d. h. das Geld zu früh ausgebe), die ich melken will (wenn ich Geld verdienen will mit Dingen, die mir Spaß machen).

Zum Beispiel liegt bei mir seit Jahren ein Projekt brach, das mir eigentlich sehr am Herzen liegt. Ich habe nur hinten und vorne keine Zeit mehr, mich um noch eine Aktion mehr zu kümmern. Alle Leute, die ich bisher angesprochen habe, waren auch nicht interessiert, mir zu helfen. Der Geist des Geldes jedoch (oder meine Phantasie – ist ja egal, solange die Ergebnisse stimmen) hat mir auf Anhieb zwei Personen vorgeschlagen, die nach Anfrage auch sofort bereit waren mitzumachen. Der Geist des Geldes hilft mir Mitarbeiter zu finden, wenn das nicht genial ist!

Eigentlich ist es ähnlich, wie mit der inneren Stimme oder der Intuition zu kommunizieren. Spricht man sie mit „Geist des Geldes" an, so hat diese Energie einfach eine andere Qualität und eine andere Zielsetzung. Wer mit dem Geist des Geldes redet, hat damit Kontakt zur Energie aller Geldmengen der Welt. Natürlich bekommt man dadurch Antworten, die relativ frei von den eigenen Limitierungen in bezug auf Geld sind. Denn man hat ja automatisch die Vorstellung, daß es einen gewissen Unterschied zwischen dem „Geist des eigenen Kontostandes" und dem „Geist des Geldes allgemein" gibt. Dadurch öffnet man auch in sich selbst den Zugang zu anderen, neuen und grenzenloseren Ideen.

Bei meinem meditativen Gespräch mit dem Geist des Geldes sagte mir dieser beispielsweise auch, das Realkapital sei letztlich genauso fiktiv wie das Geldmarktkapital und es hänge vom Bewußtsein des einzelnen ab, wieder mehr vom Spekulationskapital in der Realwirtschaft anzusiedeln. Wir brauchen dazu Bill Gates und Co. auch kein Geld wegzunehmen. Der kann auch doppelt so viel verdienen, wenn er will, das heißt 2 Millionen Dollar pro Stunde (derzeit soll sein Einkommen bei einer Million pro Stunde liegen, sprich bei 24 Millionen Dollar pro Tag). Das habe nicht wirklich etwas damit zu tun, wieviel alle anderen auf den Konten haben.

Wir denken zu eingeschränkt und mit zu wenig Phantasie, aber es gibt viel mehr Wege, als wir denken. Er persönlich (der Geist des Geldes) sei sogar sehr daran interessiert, wenn wir mit viel Phantasie wieder mehr Geld in der Realwirtschaft ansiedeln würden. Die Sache mit den 98 Prozent rein spekulativem Devisenhandel gäbe ihm ein sehr instabiles, windiges Gefühl. Es wäre ihm wesentlich lieber, wenn er das Gefühl hätte, wieder mehr auf festeren Beinen zu stehen. Er schwebe auch nur ungern dauernd in der Luft.

Ich mußte dabei wie so oft auch an Muhammad Yunus und seine Kleinstkreditbank denken, dessen Initiative in Drittweltländern schon 12 Millionen armen Familien ohne Sicherheit zu Minikrediten über ein paar Dollar verholfen hat. Einem Drittel dieser Familien ist es gelungen, sich damit eine selbständige Existenz aufzubauen. Yunus hat insgesamt 2,3 Milliarden Dollar in die reale Wirtschaft von Bangladesch investiert, angefangen mit ganzen 42 Dollar. (Näheres dazu ist dem Buch *Grameen, eine Bank für die Armen der Welt* von Muhammad Yunus zu entnehmen.)

Es gibt noch viel mehr Wege, aus 42 Dollar Milliarden zu machen, von denen eine breite Masse profitiert. Solange wir allerdings so denken, wie in Deutschland seit 20 Jahren üblich – nämlich extrem konservativ und innovationsscheu –, werden wir auf solche Ideen gar nicht erst kommen. Doch wenn Muhammad Yunus in Bangladesch aus 42 Dollar 2,3 Milliarden Dollar machen kann, dann ist dazu jeder andere Mensch, der über 42 Dollar verfügt, ebenfalls in der Lage. Die Grenzen liegen nur im Denken.

Wer es nicht glaubt und nur Gründe findet, warum das bei ihm auf keinen Fall funktionieren würde, dem empfehle ich ein intensives meditatives Gespräch mit dem „Geist des Geldes". Der hat noch viele überzeugende Beispiele und individuelle Tips zu bieten.

Zum Abschluß empfahl er mir, nie „ein schlechtes Gefühl" beim Geldausgeben zu haben, sondern mir immer vorzustellen, daß dies einen positiven Kreislauf in Gang setzt. Wann immer ich Geld ausgebe oder eine Rechnung bezahle, solle ich positive Energie mitsenden und mich für den anderen freuen, daß gerade wieder mehr Geld auf seinem Konto eingeht. Mit dieser Energie bleibe ich immer in positiver Verbundenheit mit dem „Geist des Geldes", und um so lieber schaut er auch bei mir vorbei.

20 Über das Glück

Es gibt da dieses schöne Gleichnis von einem Angler, der am Ufer sitzt und friedlich vor sich hin angelt. Eines Tages kommt ein Bekannter vorbei und ruft ihm zu: „Mensch, Kumpel, schau doch mal hin! Da, wo du sitzt, könnte man wunderbar einen Fährdienst über den Fluß einrichten. Wieviel du dabei verdienen könntest, statt nur hier zu sitzen und zu angeln."

„Und was hätte ich dann davon?" fragt der andere.

„Na, dann würdest du reich."

„Und dann?"

„Dann könntest du dir noch eine Fähre kaufen, und irgendwann wärst du sogar in der Lage, Leute anzustellen, die für dich die Fähre fahren."

„Und dann?"

„Dann könntest du dich ganz geruhsam ans Ufer setzen und angeln."

„Das tue ich doch schon!"

Geld ist etwas Schönes, und viel Geld ist noch schöner. Doch man braucht es nicht unbedingt, um glücklich zu sein, wie die obige Geschichte zeigt. Was aber macht einen glücklich? Letztenendes muß das jeder für sich selbst herausfinden. Vielleicht kann dieses Kapitel dir dazu einige Anregungen vermitteln. Laß uns zunächst das Pferd sozusagen von hinten aufzäumen, vom Blickwinkel des Sterbens aus.

Wie den Büchern der Sterbeforscherin Elisabeth Kübler-Ross zu entnehmen ist, fürchten sich manchmal seltsamerweise genau die Menschen, die ein eher unglückliches Leben geführt haben, am allermeisten vor dem Tod. Sie hadern schrecklich mit einer schweren Erkrankung und finden nur sehr schwer zu einer Art inneren Frieden, wenn sie erkennen, daß sie eben doch sterben müssen. Ganz anders die Menschen, die ein glückliches Leben geführt haben. Sie sind meist viel eher bereit, ihrem herannahenden Tod ins Auge zu sehen und ihre restlichen Tage, egal wie viele oder wenige es auch sein mögen, in ruhiger Gelassenheit zu verbringen.

Logisch ist das doch auf den ersten Blick nicht, oder? Die Unglücklichen wollen unbedingt weiterleben, und die Glücklichen sehen ihrem nahenden Tod voll innerem Frieden entgegen. Umgekehrt müßte es doch sein, denn was haben die Unglücklichen schon zu verlieren? Wieso wollen sie es nicht hergeben, dieses Etwas, das man Leben nennt und das sie doch nur unglücklich gemacht hat? Und wieso fällt dies denen, die es immer geliebt haben, oft so viel leichter?

Es ist ganz einfach: Die Unglücklichen denken an das, was sie in ihrem Leben alles verpaßt haben und nun offenbar endgültig nicht mehr nachholen können. Die Glücklichen behaupten häufig, sie hätten gar nichts verpaßt, sondern alles gelebt, was es zu leben gab. Für sie war und ist es zwar immer noch schön, doch sie haben das Leben bisher voll ausgekostet. Sie fühlen sich nicht, als hätten sie etwas verpaßt. Und DAS sagen nicht nur Neunzigjährige, es gilt auch für Menschen in mittleren und jüngeren Jahren. Die Frage, wie man bisher gelebt hat, ist ein wichtiger Aspekt bei der Verarbeitung des nahenden Todes, ganz gleich, wie alt man ist.

Wie sieht es bei dir und in deinem Leben aus? Was wäre, wenn du morgen erfahren würdest, daß du nur noch sechs Monate zu leben hast? Ehe wir weiterreden, machst du dir am besten eine Liste, was du alles verpaßt hättest, wenn es nur noch ein halbes Jahr zu leben gäbe.

....
....
....
....
....

Schon fertig mit der Liste? Was steht denn alles drauf? Hast du nur verpaßte Vergnügungen und Reisen aufgelistet, oder hast du auch verpaßte Gelegenheiten im Zusammenhang mit zwischenmenschlichen Erlebnissen aufgeschrieben? Wie sieht es aus mit dem Einsatz deiner Fähigkeiten, Talente, Neigungen und dem Ausprobieren und Herumspielen mit Dingen, die dich schon immer mal gereizt hätten? Stehen die auch auf deiner Liste? Steht auf der Liste, daß du es verpaßt hättest, den nächsten Frühling, das Wiedererblühen der Natur, den Sommer, die fallenden Blätter im Herbst oder den Winter genau und intensiv zu beobachten? Auch nicht? Dann bist du noch nicht fertig. Bitte weiterschreiben und erst weiterlesen, wenn deine Liste fertig ist.

....
....
....
....
....

Vielleicht hast du den Sinn dieser Übung schon erraten: Wir alle sollten ständig unsere persönliche Liste der verpaßten Gelegenheiten überprüfen und ganz viele Punkte davon nicht erst in irgendeiner nebulösen Zukunft, sondern jetzt, hier, heute und morgen auf der einen Liste ausradieren und statt dessen unter „ergriffene und genutzte Gelegenheiten" verbuchen. Ich denke, das dürfte dich deinem persönlichen Lebensglück bereits ein gutes Stück näherbringen.

Was genau ist Glück überhaupt? Für die meisten von uns gehören dazu Gesundheit, Freunde, eine erfüllende Tätigkeit, die einen optimalen Selbstausdruck gewährleistet, und Geld, damit man sich den Lebensstandard, den man sich wünscht, auch leisten kann.

Grundsätzlich bin ich ja ein konstruktiver Mensch, aber die genannten Glücksvoraussetzungen lassen sich zum Teil sehr leicht auf scheinbar destruktive Weise zerpflükken. Tun wir das doch mal, um herauszufinden, ob es irgendwo dahinter noch eine verborgene Glücksvoraussetzung gibt, die hier noch nicht erkennbar ist:

Sicher kennt ihr den Schauspieler Christopher Reeve, der als Darsteller von *Superman* früher sehr erfolgreich war und alles hatte, von dem man geneigt ist zu denken, daß es besonders glücksfördernd sei: Ruhm, Erfolg, Geld, Gesundheit, Familie und viele Freunde. Seit einem Unfall ist er nun vom Hals an abwärts gelähmt. Trotzdem hat er seine anfänglichen emotionalen Tiefs überwunden und hört einfach nicht auf, glücklich zu sein, obwohl er so viel verloren hat. Er hört auch nicht auf, etwas aus seinem Leben zu machen, hat auch im Rollstuhl wieder geschauspielert, hält Vorträge, will Regie führen, unterstützt die medizinische Forschung und andere Kranke etc. pp.

Wie macht der Mann das, sollte man sich fragen? Er kann nur noch mit dem Kopf wackeln und den Körper sonst nicht bewegen, ist aber trotzdem glücklich (es gibt auch ein Buch von ihm: *Immer noch ich. Mein zweites Leben*). Gesundheit scheint demnach kein zwingendes Muß für dauerhaftes Glücksempfinden zu sein.

Das hört man öfter, besonders von Schwerkranken, die genesen sind und zum Teil trotzdem nur noch eine unbestimmte Zeit zu leben haben, weil die Krankheit jederzeit wieder ausbrechen könnte. Dennoch sagen viele von ihnen, ihr Leben sei seitdem intensiver und schöner als es vorher jemals gewesen war.

Von Lottogewinnern kann man dasselbe leider nicht immer sagen. Ich habe mal eine Fernsehsendung über Lottomillionäre gesehen, und bei sehr vielen von ihnen hielt die Freude über den unverhofften Geldsegen nicht lange an. Einige hatten hinterher sogar größere Probleme als je zuvor.

Der amerikanische Herzchirurg und Buchautor Dean Ornish berichtet ähnliches. Er hatte mehr als genug von dem, was man "eigentlich" zum Glück braucht: Er besaß genug Geld, ging der für ihn optimalen Tätigkeit nach, eines seiner Bücher landete sogar auf der Bestsellerliste der *New York Times*, und er war so erfolgreich, daß ihn die Clintons ins Weiße Haus zum Essen einluden. Trotzdem fühlte er sich einsam, unglücklich und unzufrieden. Ja, spinnt denn der? Christopher Reeve ist glücklich und er unglücklich? Da stimmt doch was nicht.

Wo kommt es denn her das Glück und wo geht es hin? Wieso ist bzw. war Dean Ornish nicht glücklich? Er hat sich nämlich mit seinem inneren Zustand trotz äußerer Top-Erfolge nicht zufriedengegeben und wartet inzwischen wieder einem neuen Buch mit dem Titel *Die revolutionäre Therapie: Heilen mit Liebe* auf. Er beschreibt darin, weshalb der Entzug von menschlicher Nähe genauso unglücklich und deshalb auch krank macht wie falsche Ernährung, Bewegungsmangel oder ähnliches. Er beschreibt, was für zerstörerische Gifte der Körper freisetzt, wenn wir unglücklich sind und es uns an menschlicher Zuwendung fehlt. Selbst Tiere zu haben ist weit gesundheitsfördernder, als ganz allein zu leben.

Ornish hält menschliche Nähe für das optimale Mittel gegen Streß jeder Art. Damit geht er, vermutlich unwissentlich, auch mit dem Dalai Lama konform. Der meint nämlich, daß neben einem gelassenen, friedlichen Geist vor allem die Fähigkeit, schnell und ungezwungen Verbindung zu anderen Menschen aufnehmen zu können, der Glücksgarant schlechthin sei. Wer sich jederzeit anderen mitteilen und ein Gefühl der Nähe und des Wohlwollens bei seinen Mitmenschen erzeugen kann, dem ist laut dem Dalai Lama dauerhaftes Glück beschieden.

Was ist noch übrig von unserer Checkliste? Gesundheit scheint kein Glücksgarant zu sein, Geld auch nicht – Hunderte von unglücklichen Lottogewinnern und auch Dean Ornish sprechen dagegen. Übrig bleiben Freunde, menschliche Nähe und der erfüllende Selbstausdruck. Christopher Reeve zumindest scheint genau daraus seine Kraft zu ziehen – aus dem liebevollen Kontakt zu Familie und Freunden und aus dem trotz Behinderung erfüllenden Selbstausdruck in seinem Beruf.

Wie wir sehen, scheint Glück weniger etwas mit äußeren Umständen wie Gesundheit, Geld und Erfolg zu tun zu haben. Neben den bereits genannten Faktoren spielt dabei wie so oft die innere Einstellung die entscheidende Rolle. Wem es gelingt, sein Selbst auszudrücken, und wer ausreichend Gefühle menschlicher Nähe erlebt, der scheint am ehesten glücklich zu sein. Mit dem Lebensstandard hat Glück jedenfalls eindeutig ziemlich wenig zu tun.

Wenn du der Meinung bist, deine Arbeit macht dich unglücklich, dann hast du zwei Möglichkeiten, dies zu ändern: mit Kreativität mehr Freude in die gegenwärtige Situation zu bringen (du kannst das Universum und deine Intuition nach Ideen und Möglichkeiten dazu befragen) oder dich einfach komplett beruflich umzuorientieren.

Die verborgene Grundvoraussetzung des Glücks ist die, sich für das Glück zu entscheiden (trotz Krankheit oder wenig Geld z.B.). Dieselben äußeren Umstände können den einen für immer unglücklich und einen anderen trotzdem glücklich machen. Glück entsteht im Geist und nicht durch die Umstände.

Arbeite an deiner inneren Einstellung, dann verändern sich alsbald auch die äußeren Umstände zu deinen Gunsten, indem dir bessere Gelegenheiten angeboten werden. Das ist meine ernsthafte Überzeugung. Wenn du kleine Unterstützungen und Erinnerungen dabei brauchst und einen Internetzugang hast, kannst du dir beispielsweise von Dieter Langenecker täglich Motivationszitate zumailen lassen (Adresse: www.motivationszitate.com – Nein, ich bekomme dort keine Provision; die nämlich zahlt mir mit Sicherheit das Universum in Form von noch mehr Glück und Freude und lauter tollen Gelegenheiten).

Außerdem solltest du möglichst viele Dinge aus deiner Liste mit den verpaßten Gelegenheiten möglichst sofort umsetzen. Das wirkt Wunder. Je mehr du dich um dein Glück kümmerst, desto mehr wirst du Lieferungen vom Universum erhalten, bevor du überhaupt bestellen konntest.

Die Türen im Außen gehen zu, wenn du die Tür im Inneren schließt. Kaum öffnest du sie wieder, öffnet auch das Leben nach und nach seine Schatztruhen wieder für dich.

Sieh dich um in der Welt, und erstell' dir durch Beobachtung deine eigene Statistik. Wer ist glücklich

**und wer unglücklich? Du brauchst es nicht nachzu-
lesen, sieh lieber selbst nach in der Welt!**

Ich empfehle dir: Überlege dir, was du noch von deinem Leben haben willst, welche Gelegenheiten du ergreifen möchtest, bevor es zu spät ist, und ergreife sie jetzt.
Mache dir eine Liste, was zu deinem Glück WIRKLICH
dazugehört, mache eventuell eine zweite Liste zusammen
mit deiner Familie, und schaffe dir den Freiraum, Glück
in deinem Leben zuzulassen.

Wenn du an diesem Punkt schon angelangt bist, empfehle ich dir für die Details, die Methode der Bestellungen beim Universum anzuwenden. Das heißt, wenn du
herausgefunden hast, daß du beispielsweise auch in einer
anderen Stadt, einer anderen Wohnung, mit einem anderen Job etc. leben könntest und daß das eventuell der
Verwirklichung deines persönlichen Lebensglücks weit
zuträglicher wäre, dann brauchst du dich beim Suchen
nicht auf rein statistische Gesichtspunkte zu beschrän-
ken. Nicht die Menge macht es, sondern die Intuition, zur
richtigen Zeit am richtigen Ort zu sein, um das für dich
Richtige in Empfang zu nehmen.

Gib eine Bestellung beim Universum auf, indem du eine
klare Formulierung von dem, was du dir als nächsten
Schritt vorstellst, gedanklich in den Himmel schickst.
Damit beteiligst du die Kräfte des Unbewußten und des
rational Unerklärlichen an deiner Suche. Damit öffnest
du außerdem deinen Geist dafür, auch ungewöhnliche
Gelegenheiten zu erkennen und zu ergreifen. Mit der Zeit
wirst du merken, wieviel dabei möglich ist.

Wenn du eine Beziehung nur aus rationalen Gründen
führst, ohne den kleinsten Anflug von Liebe und Verliebt-
sein, dann ist diese Beziehung trocken und nüchtern, und
es fehlt ihr der wunderbare Zauber, den die Verliebten

erleben. Wenn du dein Leben nur nach rationalen Gesichtspunkten lebst, dann fehlt ihm ebenso jeder Zauber, jede Leichtigkeit, und es wird jedes Jahr anstrengender. Den Verliebten, den Glücklichen und den lachenden Menschen fallen die Dinge immer wieder in den Schoß, und alles scheint wie freundlich verzaubert zur rechten Zeit zur Hand zu sein. Bei den abgestumpft vor sich Hinbrütenden, die den Zauber des Lebens nicht spüren, ist es umgekehrt: Alles muß hart erkämpft werden, und sie verpassen ständig die besten Gelegenheiten.

Buddha sagt: „Es gibt keinen Weg zum Glück, Glück IST der Weg". Menschen, die sich bereits für das Glück entschieden haben, verfügen über diese gewisse Gelassenheit und Leichtigkeit, mit der sie die skurrilsten Dinge und Ereignisse beim Universum bestellen können, und sie bekommen alles, obwohl sie mitunter wirklich erschreckend wenig dafür tun.

Darin liegt eines der Geheimnisse des Lebens: Sobald du etwas nicht mehr brauchst, kannst du es mit Leichtigkeit haben. Das heißt, sobald du nur noch aus reiner Freude am Leben und am Sein wirkst und tust, kann es sein, daß dir das Leben Dinge, die du vorher mit viel Kampf nicht erreichen konntest, nun plötzlich hinterherwirft.

Das einzige Problem besteht darin, daß dich, solange es dir noch nicht so gut wie eben beschrieben geht, nur so viele Wunder und tolle Lieferungen des Universums ereilen werden, wie du gerade noch für möglich halten kannst. Wer sich schon zu lange in eine Zone des möglichst schmerzfreien Dahindämmerns zurückgezogen hat, der muß sich zunächst schrittweise dort hinausbestellen und -bewegen, bis er wieder die spielerische Leichtigkeit verspürt, die er als Kind einmal hatte.

Halte dir einfach vor Augen, daß jeder Mensch mit allem ausgestattet ist, was er für sein individuelles Glück braucht. Dir steht, wie jedem anderen auch, maximales Glück von Geburt an zu. Du brauchst es nur zu ergreifen. Was immer du bei der Suche in dir selbst entdeckst – solange es nicht die Liebe vermehrt (Selbstliebe und Liebe zum Leben), hast du noch keine Wahrheit gefunden. Der Himmel hinter den Wolken ist immer blau und die Seele jedes Menschen heil. Suche einfach solange hinter den Wolken, bis du deinen persönlichen blauen Himmel gefunden hast. Viel Glück beim baldigen Fündigwerden!

Schlußgedanken

Du mußt das Licht sein, das du
in der Welt sehen möchtest.
Buddha

Nutze all deine Fähigkeiten und schicke ausreichend Bestellungen ans Universum, bis du eine ordentliche „Standleitung für Dauerkooperation" aufgebaut hast. Das ist das Beste, was du für die Welt und für dich selbst tun kannst. Bis diese „Standleitung" steht und wir wirklich 24 Stunden am Tag glücklich sind, werden wir sicher beide (du und ich) noch eine Weile brauchen. Aber der Spaß fängt bereits an, wenn man sich nur in diese Richtung aufmacht. Das wirst du sicher bald merken, wenn du es nicht sowieso schon weißt und solche Bücher wie dieses hier nicht ohnehin schon aus demselben Grund liest, wie ich es auch immer wieder tue: nämlich um das Wahre zu wiederholen, um es nie zu vergessen, weil auch der Irrtum in dieser Welt noch so oft gepredigt wird.

Ich habe dir in diesem Buch viele konkrete Tips gegeben, wie du die Umstände an deinem Arbeitsplatz ändern, wie du einen neuen Job finden oder dich selbständig machen kannst. Wenn du dennoch nicht weiter weißt, bestell' dir Hilfe und Anregungen vom Universum. Hierzu ein paar Beispiele:

„Hilfe, was soll ich nur mit dem Kollegen XY machen?

Der nervt ja ungeheuerlich. Bitte Universum, maile doch mal sofort eine Lösung, die für alle gut ist."

„Es will und will mir nicht gelingen, das Göttliche in meinem Chef zu entdecken, er kommt mir denkbar ungöttlich vor. Bestelle Eingebung oder Lösung, wie ich ein konstruktives Gespräch anfangen kann oder worin eine Lösung bestehen könnte, die mir bisher vielleicht nur noch nicht eingefallen ist."

„Hallo Universum, ich bestelle mir, daß es mir, meinem Unternehmen, allen Mitarbeitern, Kunden und der Natur mit uns und unserem Unternehmen supergut geht. Bitte schick' mir alle Informationen, die dazu nötig sind, plus die entsprechenden Gelegenheiten und Chancen.

Sollte unser Produkt mittlerweile überholt sein oder sich in den nächsten Jahren überholen, dann schicke uns bitte rechtzeitig eine geeignete neue Geschäftsidee, die wir mit der vorhandenen Struktur unseres Unternehmens wunderbar umsetzen können, die allen Spaß macht, die einen fließenden Übergang ermöglicht und unserem Lebensstandard genauso förderlich ist wie dem Wohl unserer Umwelt. Gegebenenfalls bestellen wir die angenehme, schrittweise Hinführung auf diesen Weg."

„Habe Probleme mit meinen Basismaterialien. Was kann ich tun? Gibt es andere Werkstoffe oder mögliche technische Änderungen? Inspiration der Universellen Intelligenz umgehend erbeten."

„Dringende Eilbestellung ans Universum: Habe nur noch drei Tage Zeit, aber Arbeit für fünf Tage. Bestelle sofortiges Wunder."

Gerade Bestellungen wie die letzte funktionieren hervorragend. Und es macht ungeheuren Spaß zu beobachten, wie sich Probleme auflösen können, die zu beheben man vorher keinen Weg sah.

MERKE:

☺ Vor den Erfolg haben die Götter den Spaß an der Arbeit gesetzt.

☺ Das Universum oder die Universelle Intelligenz antwortet nicht immer direkt. Das Wohlgefühl ist eine Art indirekter Antwort, wann man richtig liegt.

☺ Der einzige Unterschied zwischen einem Genie und einem Durchschnittsmenschen liegt darin, daß das Genie um das Licht in seinem Inneren weiß und der Durchschnittsmensch nicht.

☺ Wer das Licht in seinem Inneren entdeckt hat, wird sein Umfeld und seine Arbeit so verändern, daß sie reiner erfüllender Selbstausdruck für ihn sind.

☺ Wer mit dem Licht in seinem Inneren kooperiert, hat die Universelle Intelligenz zum Geschäfts- und Lebenspartner gewonnen. Er braucht sich nicht mehr nur auf seinen eigenen Verstand zu verlassen, sondern kann auf die unendliche Kapazität jener Universellen Intelligenz zugreifen.

Ich hoffe, alle, die auf der Suche nach Lösungen sind oder waren, haben in diesem Buch den einen oder anderen Ansatz gefunden, in welche Richtung sie weitergehen können, um bei diesen fünf Punkten anzukommen.

Alles Gesagte gilt im Großkonzern ebenso wie im Einmann- oder Einfraubetrieb oder im Privatleben. Auch vor den Erfolg einer Freundschaft haben die Götter den gemeinsamen Spaß gesetzt. Zwei Privatgenies, die das Licht in sich kennen, werden niemals auf die Idee kommen, Krieg zu führen oder die Umwelt zu zerstören. Denn sie haben ein lebendiges Gefühl dafür, daß sie damit einen Teil von sich selbst zerstören würden. Genauso wenig wie

eine „gescheite Hand" den Fuß am eigenen Körper ab-
schneiden und sich dann womöglich noch wundern würde, warum sie nicht mehr in der Welt herumkommt.

Ein letzter Tip:

Man sollte auch möglichst nie am Timing der inneren Stimme zweifeln und nicht unbedingt auf Abläufen beharren,
die der Verstand sich ausgedacht hat. Die innere Stimme
kennt den optimalen Ablauf oft viel besser.

Ich hatte mir zum Beispiel jetzt gerade vor 30 Minuten
Linsen auf dem Herd aufgesetzt und hatte zwei Absätze
weiter oben schon das Gefühl, ich sollte mal danach
schauen. Ein Blick auf die Uhr: „Ach was, kann nicht sein.
So schnell verkocht das Wasser nicht, ich schreib' schnell
noch den Absatz zu Ende, um nicht rauszukommen."

Ende des Absatzes, ich gehe in die Küche, und das Wasser ist eben doch verkocht. Scheinbar war es zuwenig.
Die Linsen sind wunderbar angebrannt. Das kommt dabei raus, wenn der Verstand meint, seine Logik sei mehr
wert als die Stimme der Intuition. Aber Fehler sind erlaubt, wie wir bereits gesehen haben, und beim nächsten Mal renne ich wieder gleich bei einer solchen Mel-
dung von Innen.

Liebe Leser, ich vermute, daß ihr am besten auch eure
innere Stimme fragt, ob etwas aus diesem Buch für euch
in Frage kommt und was daraus ihr als erstes umsetzen
und anwenden wollt. Denn alles auf einmal geht ja nicht.
Ich bestelle schon einmal möglichst gutes Gelingen bei
euch allen, damit ihr mit eurem Genie die Welt erleuch-
ten und noch viele anstecken könnt.

Und ich gehe jetzt Linsen essen.

Literaturliste

Berger, Wolfgang: *Business Reframing® – das Ende der Moden im Management*, Wiesbaden, 1998

Buchholz, Michael H.: *Alles was du willst. Die Universellen Erwerbsregeln*, Düsseldorf, 2000

Cheney, Margaret: *Nikola Tesla. Erfinder, Magier, Prophet*, Düsseldorf, 1995

Clark, Glenn: *Vielfalt im Einklang*, Aach, 1999

Creutz, Helmut: *Das Geldsyndrom*, Berlin, 1997

DeMarco, Tom, und Lister, Timothy: *Wien wartet auf Dich! Der Faktor Mensch im Datenverarbeitungsmanagement*, München, 1999

Deletz, Bodo: *Mary*, Bochum, 1997

Hasenkopf, Didymus: Studie, Mehring/Altötting, 1999

Kübler-Ross, Elisabeth: *Über den Tod und das Leben danach*, Horhausen, 1996

Lietaer, Bernard A.: *Das Geld der Zukunft*, München, 1999

Manning, Jeane: *Freie Energie. Die Revolution des 21. Jahrhunderts*, Düsseldorf, 1997

Manning, Jeane: *Energie. Alternativen für eine saubere Welt*, Düsseldorf (erscheint im Frühjahr 2001)

Mewes, Wolfgang: *EKS®. Die Strategie*, Pfungstadt, 1998

Mohr, Bärbel: *Bestellungen beim Universum*, Düsseldorf, 1998

Mohr, Bärbel: *Der kosmische Bestellservice*, Düsseldorf, 1999

Murphy, Joseph: *Die Macht Ihres Unterbewußtseins*, München, Neuauflage 1999

Ornish, Dean: *Die revolutionäre Therapie: Heilen mit Liebe*, München, 1999

Peters, Thomas, und Waterman, Robert: *In Search of Excellence*, New York, 1988

Popcorn, Faith: *Clicking – der neue Popcorn-Report*, München, 1996

Reeve, Christopher: *Immer noch ich. Mein zweites Leben*, München, 1999

Russell, Walter: *Das Genie steckt in jedem*, Aach, 1998

Simon, Hermann: *Die heimlichen Gewinner*, München, 1998

Sprenger, Reinhard K.: *Mythos Motivation*, Frankfurt/Main, 1996

Witt, Armin: *Unterdrückte Entdeckungen und Erfindungen*, Frankfurt/Main, 1993 (vergriffen)

Yunus, Muhammad: *Grameen, eine Bank für die Armen der Welt*, Bergisch-Gladbach, 1998

Buchempfehlungen

Berger, Wolfgang: *Business Reframing®*
– das Ende der Moden im Management
Dieses Buch wurde von der *Financial Times* für den „Global Business Book Award" nominiert. Weitere Infos zu Business Reframing® gibt es unter:
www.business-reframing.com
Business Reframing®
Ortsstraße 32a · 76228 Karlsruhe
Tel. 0721-947 44 88 · Fax: 0721-947 44 89
Info@business-reframing.com

Clark, Glenn: *Vielfalt im Einklang*
Diese Biographie über das ungewöhnliche Multitalent Walter Russell ist schnell, leicht und sehr anregend zu lesen. Hier noch ein schönes Zitat von ihm:
„Ich habe das absolute Vertrauen, daß jemand, der auf die unbegrenzte Hilfe der Universalen Intelligenz vertraut, die in uns ist, buchstäblich alles bekommen kann, solange er innerhalb des Gesetzes arbeitet und anderen immer mehr gibt, als sie erwarten, und dies freudig und höflich."

Deletz, Bodo und Gina: *Mary*
Dies ist eins meiner Lieblingsbücher. Es ist das beste Buch der Welt gegen Liebeskummer und schlechte Stimmung. Michael, unsterblich verliebt und von Selbstzweifeln zerfressen, hat nur von einem genug im Leben, nämlich von Problemen. Seine Geschichte, die davon handelt, wie er

spielend zur einer glücklichen Lebenseinstellung findet, ist verknüpft mit der Geschichte eines Wesens aus einer anderen Welt, das auf die Erde kommt, um zu lernen, wie man Probleme hat. Sie hat keine Ahnung, was Probleme überhaupt sind, aber sie findet, es klingt sehr spannend. Da haben wir sie nun – Michael, der nur Probleme hat, und Mary, die partout nicht versteht, wie sie es denn nun endlich lernen könnte, etwas als Problem zu empfinden. Dieses Buch zu lesen und hinterher noch Probleme zu haben ist fast unmöglich.

Bodo gibt mittlerweile deutschlandweit Seminare zum Erlernen des vollkommenen Glücks als Dauerzustand. Infos unter Tel. 06135-931478. Im Frankfurter Raum gibt es auch „Ja-aber-Workshops", die sicherlich auch sehr hilfreich sein können, wenn man sich gerade selbst im Weg steht.

DeMarco, Tom, und Lister, Timothy:
Wien wartet auf Dich! Der Faktor Mensch im Datenverarbeitungsmanagement

Für kreativ arbeitende Unternehmen und Projekte sehr empfehlenswert! Die Autoren räumen mit dem weit verbreiteten Glauben auf, Technologie sei der Eckpfeiler für Produktivitätssteigerung. Das gilt jedoch weder bei Softwareprojekten noch bei anderen kreativen Tätigkeiten. Bei den untersuchten, gescheiterten Beispielprojekten mangelte es nie an der Technik, sondern immer nur an Menschlichkeit und lebensnahem Denken seitens der Personalführung. Erfrischend und aus einem reichen Erfahrungs- und Forschungsschatz heraus geschrieben, ist das Buch u.a. ein Plädoyer dagegen, auf auszehrende und letztlich nichts bringende Überstunden auch noch stolz zu sein!

Lietaer, Bernard A.: *Das Geld der Zukunft*

Vergiß alles, was du bisher über Komplementärwährungen gelesen hast. Das Standardwerk fürs neue Jahrtausend ist dieses. Bernard A. Lietaer ist Finanzexperte mit allerhöchsten Kompetenzen. Dennoch gelingt es ihm, sich dem Thema Geld und Komplementärwährungen in einer Weise anzunehmen, die sich wie ein spannender Roman liest, den man nicht mehr aus der Hand legen möchte.

Schon allein deshalb nicht, weil zwar alle Aspekte des Geldes sehr, sehr deutlich beleuchtet werden, die konstruktive und letztlich supersimple Lösung aber trotzdem für jeden in greifbare Nähe rückt. Dieses Buch schließt Frieden mit dem Geld, nimmt niemandem etwas weg, verteilt nicht um, sondern zeigt freundlich und klar auf, wie man neuen Reichtum schaffen kann – und wie viele Menschen auf der Welt das schon mit Erfolg getan haben. Es ist noch nicht einmal so, daß wir hierbei nur Neuland betreten würden. Die Kette an positiven Beispielen ist groß.

Listen mit Adressen von bestehenden Tauschringen findet ihr im Internet unter www.futuremoney.de

Ornish, Dean:
Die revolutionäre Therapie: Heilen mit Liebe

Dieses Buch kann jeder brauchen. Denn um Job, Karriere und Freizeit auch richtig genießen zu können, ist es schön, möglichst gesund zu sein. Dean Ornish ist Herzspezialist, vierfacher Bestsellerautor und so erfolgreich, daß er auch schon ins Weiße Haus eingeladen war. Dennoch stellte er irgendwann fest, daß er sich trotz aller Erfolge einsam, unglücklich und unerfüllt fühlt. Seine neuen Forschungen ließen das obige Buch entstehen, in dem er menschliche Nähe als bestes Mittel gegen Streß empfiehlt.

Nur ein Beispiel aus Dutzenden von Langzeitstudien: Frauen mit Brustkrebs wurden in zwei Gruppen unterteilt. Die eine Gruppe erhielt psychosoziale Unterstützung durch wöchentliche Gruppengespräche mit anderen Betroffenen. Hier konnte jede alle Gefühle und Ängste ausdrücken, neue Kraft schöpfen und fühlte sich nicht mehr alleine.

Erst nach fünf Jahren wurden die Gruppen verglichen: Die Frauen, die nicht an der Selbsthilfegruppe teilgenommen hatten, waren inzwischen alle gestorben und zwar meist schon zwei Jahre zuvor. Die Frauen, die an der Gruppe teilnahmen, lebten alle noch.

Das Buch ist sehr leicht lesbar und mit viel Weisheit geschrieben. Neben vielen Studien enthält es umsetzbare Tips und den persönlichen Erfahrungsweg des Autors.

Russell, Walter: *Das Genie steckt in jedem*

Ein kleines, aber gehaltvolles Büchlein. Wie der Autor darin erklärt, besteht der einzige Unterschied zwischen dem größten Genie der Welt – ja sogar zwischen Jesus, dem größten Mystiker – und dem Durchschnittsmenschen allein darin, daß ein Genie um das Licht in seinem Inneren weiß und der Durchschnittsmensch nicht.

Sprenger, Reinhard K.: *Mythos Motivation*

„Motivation ist die Krankheit, für deren Heilung sie sich hält." Der Autor stellt sehr deutlich und einleuchtend klar, warum eine rein äußere Motivation, die wirkliche Qualitäten und Erfüllung bei der jeweiligen Tätigkeit außer acht läßt, einen Schuß nach hinten abgibt. Auch mit dem besten Training macht man einen unzufriedenen Mitarbeiter nicht zufriedener, man erreicht höchstens Strohfeuereffekte. Vor Bonussystemen, die über Mißstände hinwegtrösten sollen, wird besonders gewarnt. Denn diese lassen die Mitarbeitern handeln wie verwöhnte Kinder. Das Buch ist insgesamt sehr aufschlußreich und regt zum Nachdenken an.

Walsch, Neale Donald:
Gespräche mit Gott, Band 1-3
Nichts für der christlichen Lehre sehr stark verhaftete Menschen. Der Autor steckt in allen denkbaren Lebensbereichen in einer Krise und schreibt einen Beschwerdebrief an Gott. Plötzlich schreibt seine Hand von allein weiter und beantwortet alle Fragen – unkonventionell, schlicht, aber genial. Es wird aufgeräumt mit allen einengenden Vorstellungen. Das Buch beantwortet alle nur denkbaren Fragen auf eine Art und Weise, die dem Menschen Freiheit, Würde, Schöpferkraft und Zugang zu seinen höchsten Potentialen verschafft. Die Seufzer der Erleichterung, die vielen beim Lesen kommen, haben sicherlich zum sagenhaften Erfolg des dreibändigen Werks beigetragen und zeigen, daß die Menschen sich nicht mehr kleinmachen lassen wollen, sondern bereit sind, die Regie in ihrem Leben selbst zu übernehmen.

Yunus, Muhammad:
Grameen – Eine Bank für die Armen der Welt
Das Buch ist eine Autobiographie des Gründers der Grameen-Bank. Diese Einrichtung vergibt Kleinstkredite ohne Sicherheiten an die Ärmsten der Armen. Bereits Millionen von Familien in der Dritten Welt gelang es, sich mit nur ein paar Dollar Kredit aus der totalen Armut zu befreien. Wie das funktioniert, warum Entwicklungshilfe all das nicht leistet und wie die Bank sich schließlich auf über 50 weitere Drittweltländer ausdehnen konnte, beschreibt Yunus in seinem Werk.

Weitere Informationen zu dieser außergewöhnlichen Bank gibt es auch auf den Web-Seiten http://www.grameen.com und http://www.grameen.org

(Die genannten Bücher können auch per Versand bestellt werden bei Günter Vaas, Tel. 08091-563871 • Fax: -563872.)

Kontaktadressen und weiterführende Tips

Zu Kapitel 3   Arbeit als Therapie

WWOOF - Willing workers on organic farms, zu deutsch: Freiwillige Arbeiter auf biologischen Bauernhöfen. Das ist der Name einer Organisation, die zivilisationsgeschädigten Großstädtern die Möglichkeit zur Landarbeit auf Zeit einräumt. Die Bauern stellen Unterkunft und Verpflegung und teilweise sogar eine kleine Bezahlung zur Verfügung. Auch über die Arbeitszeit kann man individuelle Vereinbarungen treffen. Spaß am Mitmachen, Kontakt zur Natur und ein Austausch auf beiden Seiten machen den Aufenthalt zu einer intensiven Erfahrung, die den Großstadtalltag stark relativieren kann. Infos: WWOOF Österreich, Hildegard Gottlieb, Langegasse 155, A-8511 St. Stefan ob Stainz, Österreich, Tel. (0043)-3463-82270. Auf Ökomessen liegen manchmal auch weitere Kontaktadressen dieser Art aus.

Sumatra: Lernen von Stammeskulturen
Infos bei Holger Kalweit
Grünwalderstr. 30
D-79853 Lenzkirch-Kappel

Visionssuche
Infos bei Stefan Wolff, Tel. 089-69371997, Wolff.St@t-online.de

Zu Kapitel 10   Eine neue Einstellung zum alten Job

Tennis als Therapie
Uschi Schlipper gibt Einzelstunden oder Ganztagsseminare „Tennis und Bewußtsein" im Münchener Tenniscenter Keferloh (Gallenberger), Telefonnummer 089-467463.

Zu Kapitel 11   Positive Probleme

Positiv Factory
Das ist Dieters Unternehmen für Persönlichkeitstraining. Die Telefonnummer der »Positiv Factory« in Rosenheim lautet: 08031-68932. (Wie gesagt, man muß selbst dort anrufen und nach dem 5-Tages-Seminar fragen; die sind das dort so gewöhnt, selber Werbung machen sie kaum.)

Zu Kapitel 14   Durch Spaß zum Erfolg

Fakir Alyn
Fakir-, Clown- und Artistikshows
Wasserburg Geretzhoven
50129 Bergheim (bei Niederaußem)
Tel.: 02183-415090, Fax: -415091
Die Wasserburg selbst mit Außengelände kann für Veranstaltungen aller Art separat gebucht werden.

Zu Kapitel 15   Arbeiten wann und wieviel man will

Firma Hasenkopf
Informationen, Beratung sowie eine Studie und einen Leitfaden zur flexiblen Jahresarbeitszeit gibt es bei der Firma Hasenkopf direkt. Telefon: 08677-984712, Fax: 984799, Internet: www.hasenkopf-flexzeit.de

Zu Kapitel 17   Durch Innovationen auf Erfolgskurs

Das Druckluftauto
Nähere Infos dazu gibt es im Internet unter
www.zeropollution.com

Kontakte zu anderen aktiven und lebenslustigen Menschen:

Nicht weil die Dinge schwierig sind,
wagen wir sie nicht,
sondern weil wir sie nicht wagen,
sind sie schwierig.

Ein anonymer Ex-Kaffee-Zombie: „Jaaa, das ist ja ein sehr nettes Buch, aber irgendwie kann ich mir das alles in der Realität gar nicht so recht vorstellen. Wo treffe ich denn Leute, die schon etwas aus ihrem Leben machen, die auch mal Ideen weitergeben und mit denen ich vielleicht in einen ersten Austausch treten kann?"
Zwei Vorschläge dazu:

ISNESS

ISNESS ist eine Zeitschrift, in der Menschen, die „einen Weg des Herzens gehen", ihre Arbeit vorstellen. Das Heft ist edel, neuzeitlich, innovativ und ungewöhnlich zugleich. Eines der Hauptziele der Herausgeberin ist das Vernetzen von kreativen, ungewöhnlichen und aktiven Menschen mit Visionen aller Art und ohne Grenzen untereinander. Dazu gibt es auch immer wieder Autoren- und Lesertreffen und verschiedene Veranstaltungen.
Erhältlich ist ISNESS an großen Bahnhofskiosken oder per Versand unter Telefon 08867-92234, Fax: 08867-93101, info@isness.com, Internet: www.isness.com

ISNESS meets Service-Network

www.service-network.de ist ein Netzwerk, in dem ebenfalls kreative, positive und aktive Menschen aller Art sich und ihre Arbeit vorstellen (es gibt keine Voraussetzungen bezüglich Art der Tätigkeit oder Branche) und sich gegenseitig unterstützen können. Jedes Mitglied von Service-Network unterstützt in seiner Werbung auch das Netzwerk und macht damit Werbung für alle anderen Mitglieder. Es gibt unkonventionelle Vereinbarungen über Austauschleistungen und Empfehlungen sowie deutschlandweite Business-Stammtische, jeweils am 1. Donnerstag jeden Monats (der Tag ist in jeder Stadt gleich). Bei diesen Stammtischen entstehen vielfach neue Projekte und neue Teams zur Zusammenarbeit.

Gemeinsame Aktionen und Veranstaltungen mit der Zeitschrift ISNESS beleben den Austausch zusätzlich und machen die Business-Treffen auch zu einem privaten Abenteuer.

Und wer seine vielen neuen Erlebnisse dann noch auf ganz besondere Art notieren möchte, der bestellt sich beim Wu-Wei-Verlag das DAS NOTIZBUCH FÜRS WESENT-LICHE – ein Kleinod, besonders geeignet auch zum Verschenken. Tel: 089-89590163, Fax: 89590165.

Index

Man nehme den Spaß, die intensiven Kontakte,
die spielerischen Wahrnehmungsübungen,
die entspannenden Trancereisen, wie es sie
auch in anderen Seminaren gibt.

Dann lasse man alle Schwere der Vergangenheit,
alle Problemanalysen und alle Ängste vor der
Zukunft für diese 2-3 Tage komplett weg

und mische statt dessen die obigen Zutaten lieber
mit kindlicher Unbefangenheit und Freude
am Spiel im Hier und Jetzt,

gebe noch eine Prise Frage- und Austauschrunde
zu den „Bestellungen beim Universum" dazu, und

fertig ist Bärbels »Urlaub vom Alltag«, das

Lebensfreude-
Wochenende

Weitere Infos:

Brennpunkt neue Erde b.v.
Simon Stevinweg 27
NL-6827 BS Arnhem
Tel.: 0031-26 3684885 • Fax: 0031-26 3684886
oder bequem für Deutschland:
Tel.: 0180-5588900 • Fax: 0180-5588909 (0,48 Pf./min.)
E-Mail: BrennpunktNE@t-online.de

Weitere Bücher aus dem Omega-Verlag

Bärbel Mohr

Der kosmische Bestellservice

Eine Anleitung zur Reaktivierung von Wundern

224 S., gebunden
DM 29,80 • ÖS 218,- • SFr 27,50
ISBN 3-930243-15-6

Der Folgeband zu den *Bestellungen beim Universum*.

Jetzt wird es richtig „ernst":

Das Paradiesseits wartet schon auf euch!

- Noch mehr Beispiele für erfolgreiche Bestellungen
- Noch mehr unglaubliche Geschichten vom Universum
- Noch mehr Tips & Tricks für mehr Spaß im Leben

Alle Wenns und Abers, die erfolgreiche Bestellungen beim Universum verhindern könnten, werden mit diesem Buch restlos ausgeräumt. Wunder sind im Lieferumfang des kosmischen Bestellservice voll enthalten!